◆ 房屋查验从业人员培训教材

房屋查验从业人员培训教材编委会 编

# 第三方交房陪验

王宏新　赵庆祥　杨志才　赵　军　主　编

赵太宇　王清华　闫　钢　副主编

U0286415

中国建筑工业出版社

图书在版编目（CIP）数据

第三方交房陪验 / 王宏新等主编 . —北京：中国建筑工业出版社，2016.12

房屋查验从业人员培训教材

ISBN 978-7-112-19855-9

Ⅰ.①第⋯　Ⅱ.①王⋯　Ⅲ.①住宅—工程质量—工程验收—技术培训—教材　Ⅳ.①TU712.5

中国版本图书馆CIP数据核字（2016）第222972号

　　本书是房屋查验从业人员培训教材之《第三方交房陪验》分册。本书针对开发商头疼的交房环节，细致讲述了第三方验房机构如何辅助开发商进行交房工作、提高业主满意度和交房收楼率。全书从关注业主需求的"业主视角"入手，详细讲述了交房方案、交付现场规划、交付流程、答疑、材料准备、风险检查、模拟验收等内容。图文并茂，轻松活泼。

　　本书供有志于成为验房师的专业人士、第三方验房机构从业人员、房屋查验与检测人员提高业务技能学习参考，也适用于本领域大专、职业院校专业教材，以及广大验房企业经营管理者、相关行业行政管理者作为其重要参考。

责任编辑：赵梦梅　封　毅　毕凤鸣　周方圆
责任校对：李美娜　焦　乐

　　　　　　房屋查验从业人员培训教材
　　　　　　房屋查验从业人员培训教材编委会　编
**第三方交房陪验**
王宏新　赵庆祥　杨志才　赵　军　主　编
赵太宇　王清华　闫　钢　副主编
＊
中国建筑工业出版社出版、发行（北京海淀三里河路9号）
各地新华书店、建筑书店经销
北京京点图文设计有限公司制版
大厂回族自治县正兴印务有限公司印刷
＊
开本：787×1092毫米　1/16　印张：8　字数：166千字
2017年9月第一版　2019年2月第二次印刷
定价：38.00元
ISBN 978-7-112-19855-9
　　　　（27034）

## ❖ "房屋查验从业人员培训教材"编委会

### 编委会主任

冯 俊　中国房地产业协会副会长兼秘书长

童悦仲　中国房地产业协会名誉副会长

### 主审

吴松勤　原建设部质量安全司质量处处长

　　　　原中国建筑业协会工程建设质量监督与检测分会会长

　　　　《建筑工程施工质量验收规范》88版、2001版主编及培训教材主编

### 编委会成员

李　奇　中国建设教育协会副秘书长

李　晏　房咚咚验房机构董事长

刘新虎　北京顶秀置业有限公司董事长

马　越　保利北京地产副总经理

宋金强　武汉验房网啄屋鸟工程顾问有限公司总经理

王宏新　北京师范大学政府管理学院教授、副院长

王清华　山东名仕宜居项目管理有限公司总经理

翁　新　远洋集团客户总监

杨志才　上海润居工程检测咨询有限公司联合创始人

闫　钢　上海润居工程检测咨询有限公司联合创始人

赵　军　江苏宜居工程质量检测有限公司执行总裁

赵庆祥　北京房地产中介行业协会秘书长

赵太宇　广州市啄木鸟工程咨询有限公司总经理

赵　伟　北京沣浩达验房有限公司总经理

**主　编**

　　王宏新　赵庆祥　杨志才　赵　军

**副主编**

　　赵太宇　王清华　闫　钢


**参编单位与人员**

　　北京师范大学房地产研究中心：高姗姗、孟文皓、邵俊霖、席炎龙、周拯

　　北京房咚咚验房机构：张秉贺、邱立飞、刘晓东、张亚伟、刘姗姗

　　广州铁克司雷网络科技有限公司：王剑钊

　　江苏宜居工程质量检测有限公司：赵林涛、姜桂春、陶晓忠

　　上海润居工程检测咨询有限公司：周勇、沈梓煊、张所林


**参与审稿单位与人员**

　　长春澳译达验房咨询有限公司：张洪领

　　河南豫荷农业发展有限公司：杨宗耀、王军

　　汇众三方（北京）工程管理有限公司：李恒伟

　　江苏首佳房地产评估咨询事务所徐州分公司：姬培清

　　山东淄博鲁伟验房：曹大伟

　　西安居正房屋信息咨询服务有限公司：王林

　　珠海响鼓锤房地产咨询有限公司：刘奕斌

# 前言 ◆◆◆
# Preface

从酝酿、准备，到组织、撰写，再到修改、润色，直至最终定稿，历时 6 年之久，中国验房师终于有了自己成体系的行业与职业系列培训教材！

验房师产生于 20 世纪 50 年代中期的美国，到 20 世纪 70 年代早期，验房被众多国家纳入房地产交易中成为重要一环，由第三方来承担验房职能已成为西方发达国家惯例。如美国，普遍做法是委托职业验房师对准备出售或购置的住宅进行检验、评估，目的是买卖双方全面了解住宅质量状况。在法国，凡房屋交易前必须由验房师对房屋进行检验，出具验房报告才能进行交易。当前，发达国家验房已步入专业化、标准化、制度化和精细化发展阶段。

十多年前，国内开始出现"第三方验房"、"民间验房师"等验房机构，验房业作为第三方市场力量的出现，有着客观、深刻的市场和社会背景。当房屋质量问题频频发生，第三方检测与鉴定机构介入房屋交易过程，为买卖双方提供验房服务，可以减少交易纠纷，提高住房市场交易效率，促进经济社会可持续发展。它们实际上是顺应市场需要、为购房者服务、为提升新建住宅工程质量服务的新型监理、服务咨询机构。行业发展之初，由于长期受到现行体制的排斥，不受开发商和政府"待见"而无法获得其应有的市场地位，数以千计的"民间验房师"无法获得政府部门认可的职业与执业资格，然而他们却在购房者交付环节中的权利维护、新建住宅工程质量的保障与提升中作出了很大的贡献。

验房业是社会竞争激烈和社会分工日益细化的产物，是国家对第三产业的支持力度不断加大的结果，同时也是房地产行业健康、和谐、持续发展的必然要求。在我国房地产市场经历了持续高温后逐渐向质的提升转型趋势下，验房业发展有望步入市场化、规范化和制度化发展轨道。然而，从业人员水平良莠不齐，各地操作缺乏统一标准，无疑也阻滞了行业的顺畅发展。

2011 年，由我与赵庆祥主编的《房屋查验（验房）实务指南》由中国建筑工业出版社出版。该书出版后，成为中国验房行业的第一本培训教材，被国内相关培训机构作为验房师培训指定教材。又经过六年来验房业理论与实践发展，这套"房屋查验从业人员培训教材"（以下简称为"丛书"）终于摆在了广大读者面前。"丛书"包括以下五本分册：

《验房基础知识》包括导论、房屋基础知识、组织与人力资源、运营与管理、行业发展以及国际视野五部分，旨在将验房、验房师、验房业相关的基本概念、基础理论与实践状况进行系统总结与梳理，为验房师从事验房职业与验房企业经营管理打下扎实的理论基础。

《验房专业实务》详细讲述了验房流程、常用工具及方法、毛坯房和精装房的验点、验房顺序、作业标准、验房报告及范例、常见质量问题等内容，是实操性极强的专业实务。验房师掌握了这些专业知识，就可以进行实地验房工作。

《第三方实测实量》定位于工程在建全过程，第三方验房机构针对项目工程过程中每个节点，区分在建工程和精装工程，分部分项进行质量及安全抽查、把控。内容包括概述、土建工程篇、精装工程篇、常见问题及典型案例、常用文件及表式。主要以表格的方式呈现，每个节点都包括指标说明、测量工具和方法、示例、常见问题、防治措施、工程图片等，清晰明了。

《第三方交房陪验》针对开发商头疼的交房环节，细致讲述了第三方验房机构如何辅助开发商进行交房工作、提高业主满意度和交房收楼率。全书从关注业主需求的"业主视角"入手，详细讲述了交房方案、交付现场规划、交付流程、答疑、材料准备、风险检查、模拟验收等内容。图文并茂，轻松活泼。

《验房常用法律法规与标准规范速查》作为验房师的必备辅助资料，收录了验房最常涉及的法律法规和标准规范，同时为了便于查找，还按查验项目类别，如入户门、室内门窗工程、室内地面工程等进行了规范索引，以便读者更快定位到所需的规范条文。

需要特别指出的是，本套丛书中提到的"毛坯房"其实应该叫做"初装修房"，其与"精装修房"相对应，是新房交付的两种状态。因业内习惯称之为"毛坯房"，为便于理解，本套丛书相关知识点采用"毛坯房"这一说法。

本套丛书旨在打造中国验房师培训的职业教材同时，也适用于本领域大专、职业院校专业教材，以及广大验房企业经营管理者、相关行业行政管理者的重要参考。

丛书的出版，得到了中国房地产业协会副会长兼秘书长冯俊先生、中国房地产研究会副会长童悦仲先生，以及原建设部质量安全司质量处处长、原中国建筑业协会工程建设质量监督与检测分会会长吴松勤先生的大力支持，他们认真审稿、严格把关，使丛书内容质量上了一个新的层次。也感谢中国建筑设计研究院原副总建筑师、中国房地产业协会人居环境委员会专家委员会专家开彦先生对验房行业发展的关心和指导，让我们不忘记初心，砥砺前行。

感谢为本套教材出版奉献了大量一手资料的江苏宜居工程质量检测有限公司、上海润居工程检测咨询有限公司、北京房咚咚验房机构、山东名仕宜居项目管理有限公司、广州啄木鸟工程咨询有限公司等机构；尤其感谢江苏宜居工程质量检测有限公司赵军总裁和上海润居工程检测咨询有限公司杨志才总经理二位，他们是中国验房行业的真正创始者和实践先行者，也是行业热爱者、坚守者、布道者，二位在繁重的工程管理与企业管理的同时，承担了主编一职，参与了策划、编写全程，积极联系、协调同行，还担任主讲教师参加到行业培训第一线，为丛书的出版和行业人才培养倾注了大量心血；特别感谢中国建筑工业出版社房地产与管理图书中心主任封毅编审的大力支持，没有她的支持与帮助，出版这套丛书是难以想象的。最后，还要衷心感谢为丛书审稿的各位领导、专家和行业同仁，丛书的出版凝结了全行业的力量和奉献！

　　本套丛书在编写过程中，还参考了大量的文献资料，其中有许多资料几经转载及在网络上的大量传播，已很难追溯原创者，也有许多与行业相关技术标准紧紧联系，很难分清其专有知识产权属性。在此，我们由衷感谢所有为中国验房行业奉献的机构与人士，正是汇聚了大家的知识，这套教材才实现了取之于行业、用之于行业的初衷，也真正成为中国验房行业的集体成果。"开放获取"趋势正在成为全球数字化知识迅速增长、网络无处不在背景下的时代潮流。当本丛书付梓出版这一刻，就对所有读者实现开放获取了。对本丛书知识富有贡献而未能在丛书中予以体现的机构或人士，请与我们联系。同时，欢迎广大同行们对丛书的错漏不足之处批评指正，以便我们及时修订完善，使其内容更加实用，更好地为行业服务！

　　奔梦路上，不畏艰难。让我们共同为住宅工程质量不断提升、人类可持续的宜居环境不断改善的梦想而努力奋斗，一起携手共同推动中国验房行业快速、健康和可持续发展！

王宏新

2017 年 9 月于北京师范大学

# 目录◆◆◆
# Contents

**其他准备篇**

**交付案例篇**

# 交付理念篇

# 1 第三方交房概述

## 1.1 交房定义

房屋交付是客户与开发商产品服务接触的关键点。一个开发商能否按时按质完成交楼，不仅事关能否按合同约定履行对业主的交楼承诺，能否顺利实现销售业绩，同时也会影响到开发商品牌的建立和提升。

房屋交付是指按照房屋销售合同的约定，将符合约定交付条件的商品房按约定的时间移交给业主，同时移交该房屋的《竣工验收备案表》（或项目所在地政府规定的、法律认可的工程验收证明文件）、《面积实测报告》以及《住宅质量保证书》和《住宅使用说明书》等文件资料。

交付工作可分为集中交付和零星交付。集中交付是指房屋交付工作在一定时间内集中完成的过程；零星交付则是指在集中交付期后对未办理入住的客户进行分散交付房产的过程。

为了提升客户满意度和忠诚度，降低交付风险，开发商应在规划设计、工程建设、营销管理等过程中充分考虑分期组团、交付时间、模拟验收等环节；在产品交付期间应考虑氛围营造、公司品牌直观感受，进而促进交付工作顺利进行。

## 1.2 三种交房方式

房屋交付模式根据交房操作主体不同，可以简单地分为开发商自主交房、物业管理公司交房、第三方辅助交房三种方式。

开发商自主交房，是由开发商内部的销售部、客户关系部等部门共同组成交房小组，这种方式组建速度快，但由于不专业，常常秩序混乱，令开发商焦头烂额。物业管理公司交房是由开发商委托的物业管理公司全权负责交房事务，他们交房经验足、效率高，但因为站在开发商立场上，与业主摩擦、冲突不断，很难实现客户满意。第三方辅助交房是由独立第三方验房机构利用专业服务辅助开发商进行交房陪验工作。与前两种交房模式相比，第三方辅助交房更擅长通过"业主视角"来看待交房问题，易于提高客户满意度，实现开发商的收房率目标。表 1.2-1 和表 1.2-2 展现了传统交房存在的问题以及三种交房方式的比较。

传统交房存在的问题  表 1.2-1

| 我国交房行业存在的突出问题 | 具体表现 |
| --- | --- |
| 开发企业对交房环节的重视程度不够 | 缺乏明确有效的交房方法 |
| 交房责任主体相互推诿 | 如：由销售部、工程部等部门临时组建而成的交房小组，各部门之间容易相互推诿责任，交房责任主体不明确 |
| 分户验收时问题未落实 | 如分户验收时发现的现场玻璃墙与砖墙之间的缝隙未作处理 |
| 交房基本条件未具备，资料不齐 | 如：消防验收未完成，不能通知客户立即装修；应该备齐《质量保证书》、《使用说明书》以及水电、结构图纸等 |
| 随意收费、国家相关文件及收费标准未作公示 | 如交房当天，擅自加收建渣费和装修管理费等 |
| 交房时间未作考究 | 如将时间选在国庆放假等，多数业主收房后即开始装修，出现问题时因工作人员尚在放假，不能保证及时服务 |

三种交房模式对比  表 1.2-2

| | 开发商自主交房 | 物业管理公司交房 | 第三方辅助交房 |
| --- | --- | --- | --- |
| 操作方法 | 由开发商内部的销售部、客户关系部等部门共同组成交房小组 | 在房地产开发公司支持下的市场化物业管理公司全权负责交房事务 | 在房地产开发公司的支持下，第三方验房机构辅助交房 |
| 优点 | 组建速度快、费用低 | 交房经验足、专业性强 | 专业知识丰富，具备"业主视角" |
| 缺点 | 缺乏交房经验和专业知识 | 缺乏客户视角，缺乏公正客观中立的服务立场 | 刚刚出现，市场规模尚不足 |
| 适合类型 | 市场化程度较低的地方 | 市场化程度较高的地方 | 市场化程度较高的地方 |

## 1.3 交房新趋势：第三方辅助交房

第三方辅助交房，也称第三方交房陪验，是指由独立第三方公司协助开发商完成交房工作，主要包括：在交付前期，针对服务礼仪、交房流程、交房标准、专业问题解答及业主关心的质量问题回答等进行系统培训，提升交房团队整体素养；在交付过程中，作为第三方与开发企业充分配合，以沟通、专业等特有的优势，引导业主验房、收房，对出现的质量问题，协调快修人员及时整改，实现快捷、顺利的交房服务。

　　我国商品房市场发展至今不过 20 多年时间，开发商的市场经验和业主意识相比发达国家还有很大的差距。目前，我国大多数城市的商品房交易中，对交房条件的界定仍然比较模糊，主要以买卖双方签订的购房合同约定的条件为准。在实际交房过程中，各开发商对于业主"收楼"的概念也不一致，比如有的以收钥匙为依据，有的以交物业管理费为依据。

　　通常房地产开发企业交付商品房应当符合表 1.3 所列条件。

开发商交房时应满足的条件　　　　　　　　　　　　　　　　　　　表 1.3

| 开发商满足条件 | 具体内容 | 满足与否 |
| --- | --- | --- |
| 竣工验收合格 | ● 房地产开发项目竣工，经验收合格后，方可交付使用；<br>● 未经验收或者验收不合格的，不得交付使用。 | |
| 具备相应的交房文件 | ● 具备《住宅质量保证书》和《住宅使用说明书》 | |
| 基础生活设施应当具备交付使用条件 | ● 基础生活设施应当具备交付使用条件；包括供水、供电、供热、燃气、通信等配套基础设施。<br>● 其他配套基础设施和公共设施具备交付使用条件或者已确定施工进度和交付日期 | |

　　很多业内人士都形象地把"交房"称作开发商的"大考"之日，随着交房时日临近，一场交房、收房的拉锯战也在开发商与业主之间展开。目前我国交房中常见延期交付、项目文件不齐全、质量瑕疵等，尤其是很多开发商为了避免高额的延期交付违约金，不停赶期，质量上容易出问题。为了保证工程质量、顺利交房，提升客户满意度和自身的品牌形象，一些开发商如万科、中海等引入了"第三方验房公司"，交房前进行模拟验收，交付过程中引导客户验房收房，并及时协调瑕疵修理。第三方验房公司也逐步把与开发商合作的交房陪验业务作为大客户业务的主要类型，所占比重越来越大。

**延伸阅读**

### 创新交房模式，提供人性化服务

　　**"集体交房"**——时间：2003 年 3 月；地点：桂林；特点："集体交房"模式大张旗鼓欢迎业主"挑刺"。在对业主集体交付楼盘之前两周，先由物业公司代表业主从工程部收楼，并组织了由专业人员组成的验房小组，通过高压水流喷射窗户、厨卫 48 小时防漏水等专业试验，对每一套成品现房进行地毯式的检查，发现问题及时进行整改。同时，还负责将房间地面、窗户等卫生打扫干净，保证业主收到的是质量有保证、干净整洁的新房。交楼现场，物业签约、物业财务、工程质量咨询、水电工程、现房验收等纷纷出场，提供全方位跟踪服务。业主收到的不仅是一串钥匙，还有一份齐整的工程质检报告、有关法律文件等整套的房屋资料。此举方便业主"一站式"办清手续，节省时间。这种集体交房的模式，还给相关行业带来了商机。在交楼现场，汽车、家电、饮水机等商家都摆起了展销台，各装修公司也闻风而动，来此地挖"金"。

"和谐交房"——时间：2007 年 4 月；地点：上海；特点："和谐交房"主要体现在"阳光操作、公平交流、诚信服务"三点上。交房前开发商通过网络论坛、客户见面会、征询客户意见等方式，针对业主关心的议题进行征询和搜集，然后在交房前召集业主对他们关心的问题进行解答。业主此前的很多问题，通过该见面会都得到解决。

"0"费用交房——时间：2009 年 3 月；地点：苏州；特点：业主可在其房屋总价中折扣以下费用：维修基金、房产交易手续费、两证工本费、他项权证、代办两证费、前期六个月的物业费，在交房时这些费用由开发商代缴。

"预交房（体验交房）"——时间：2009 年 6 月；地点：昆明；特点："预交房"的服务内容和检阅内容，严格按照正式交房的标准、流程执行。业主在专业指导下进入交房环节，对建筑进行逐一检验，填写验房参观意见表。此外过程中，开发商还对业主进行交房培训，让业主了解交房流程和注意事项，与业主进行一次坦诚相待的对话。

"慢交房"——时间：2010 年 1 月；地点：厦门；特点：按照每一位客户的个体需求，量身打造交房策略。实行预约服务，业主根据自己的行程安排和开发商约定交房时间。收房过程中开发商提供全程"一对一"的团队服务，业主在豪华会所里享受各种贴心的引领、代办服务，任何问题与顾虑都将有专人予以完美解决。

来源：http://wenku.baidu.com/view/e82b50d2d15abe23482f4db0.html

# 2 完美交房的核心：业主视角

## 2.1 开发商视角和业主视角

房屋交付是房地产公司的产品及服务与客户接触的重要敏感点，要做到按时按质交楼，需要在整个交房过程中树立"严格履行对业主承诺"和"全程防范交楼风险"的意识，在商品房销售、建造及交楼的不同阶段，各司其职，分工协作，采取各种有效管控措施，积极防范交楼风险。为了达到顺利完成合理指导安排项目交付工作，降低交付风险，确保客户入住顺利有序地进行，开发商要规范并强化服务客户的行为及意识，提升客户满意度和忠诚度，充分体现公司"以客户为中心"的服务理念，即"业主视角"。

开发商与消费者扮演着不同的社会角色，有着不同的利益诉求，因此，他们眼中的房地产流程大不相同。开发商往往着眼于房屋本身，将房屋简单当成一种产品；业主则更重视房屋的选择与居住功能（图 2.1-1）。

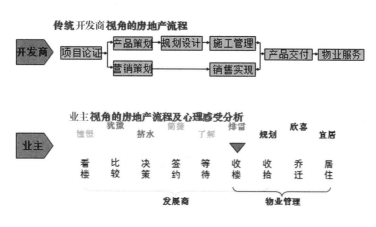

图 2.1-1  不同视角的房地产流程

为使交房顺利进行，开发商必须转换视角，以做好产品为基础，更多地关注业主体验与需求，时刻牢记交房视角（图 2.1-2）：

**不卖我们能造的，要卖业主需要的；忘掉自己想要的，想想业主愿付的。**

图 2.1-2  交房视角

## 2.2  了解业主关注焦点

由于开发商和业主的视角不同，二者关注的焦点有很大差别。因此，要做好交房工作，必须了解业主的关注点。以房屋质量为例，由于开发商和业主的视角不同，二者对房屋质量的理解存在很大差异，这种差异往往导致交房难以顺利进行，甚至产生矛盾和冲突。

图 2.2-1  开发商／工程师和业主眼中的房屋质量

有趣的是，与主业交流，可以发现，业主对开发商印象变坏的主要原因是工程质量，而业主对开发商印象变好的主要原因中却没有质量因素。

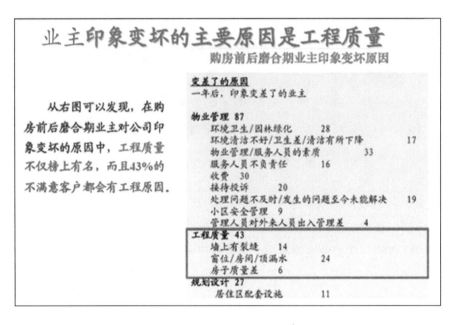

图 2.2-2　业主印象变坏的主要原因是工程质量

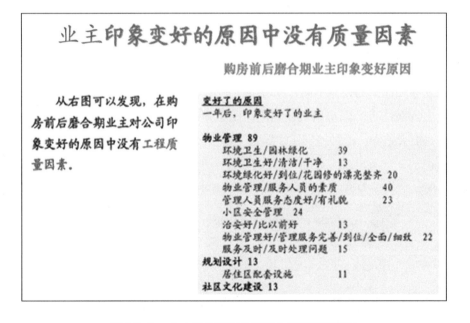

图 2.2-3　业主印象变好的原因中没有质量因素

在实际的交房过程中，业主的关注焦点并不仅仅是房屋质量问题，而是如图 2.2-4 七个方面，只有把这几方面的问题做好了，交房才能获得客户的认同。

| 合同交付标准对照 | 合同一户一图对照 |
|---|---|
| ·材料品牌、颜色<br>·工艺做法<br>·设备品牌型号<br>·各部件数量等 | ·公共设施如消防栓等<br>·门窗位置<br>·平面结构图 |

| 样板间对照 | 宣传册对照 | 设计及规划变更核查及风险评估 |
|---|---|---|
| ·平面结构<br>·材料质量<br>·工艺做法<br>·施工质量 | ·宣传用语是否有误导<br>·配套<br>·户型结构平面图 | ·室内结构<br>·小区规划 |

| 保修卡/说明书/水电走向图/信息卡 | 两书一表 |
|---|---|
| ·信息卡(水电煤气,小区商业信息;居委会、派出所、学校、医疗…)<br>·电梯、冰箱位、微波炉位、洗衣机位尺寸等 | 《房屋使用说明书》、《房屋质量保证书》<br>《竣工验收备案表》 |

图 2.2-4　业主关注焦点

## 2.3　了解业主需求变化

在现代市场经济中，企业只有提供比其他竞争者更多的价值给业主，即优异的业主价值（Superior Customer Value），才能保留并造就忠诚的业主，从而在竞争中立于不败之地。在房地产市场，了解业主的需求是极其重要的。而业主的需求就像冰山一样难以捉摸，并且他们的需求不是一成不变的。在房地产市场的黄金十年里，中国商品房市场总体的情况是供不应求，市场处于卖方市场；而今天，随着商品房市场的日趋均衡，市场已经在向买方市场过渡，因此，交房前要充分了解业主的需求变化。

现在的业主相比五年前的业主，在以下方面需求越来越细化：

● 对房屋知识了解越来越专业；

● 对服务要求越来越细化；

● 对体验感要求越来越多；

● 重视环境体验、服务体验、产品体验。

业主需求在改变，这就需要交房时加强与客户沟通，重视客户体验感，细化服务品质，以"主动、诚意、倾听、专注、关怀"这五个"法宝"去满足业主的需求。

"五法宝"目的在于摒弃生硬服务感觉，而是用更自然、更诚恳的沟通方式，以真诚打动客户，实现交房的两大目标：第一，达到质量上的"零缺陷"；第二，提供超越客户期望的交付体验，切实提高业主满意度。

图 2.3　交房人员"五法宝"

## 2.4　了解交付时间表

交付时间表是落实交房方案必不可少的节点保障，第三方验房机构应协助开发商在房屋交付前制定好相应的计划以顺利指导交房工作。从交付流程来看，交付包括交付规划和现场交付两部分。交付规划包括了从项目施工完毕后的预验收、工地开放日，直到现场交房等长期的具体工作步骤，这种规划一般采用时间管理的方法，从交付前6个月开始制定。另一种是狭义上的现场交付的规划，它包括现场交付目标的确定，交付现场的布置、动线设计等，这部分将在"现场交付篇"中详细讲述。

通过借鉴万科、中信等知名房企的经验，根据时间管理的思路，可以制订出详细的交付方案时间表（表2.4）。

交付方案时间表　　　　　　　　　　　　　　　　　　表2.4

| 任务时间节点 | 任务内容 | 相关注意事项 | 责任部门 | 责任人 |
|---|---|---|---|---|
| 交付前6个月 | 启动集中交付准备工作，确定交付日期 | 保修办与各部门仔细沟通确定交付日期 | 营销部或客服部 | |
| 交付前5个月 | 邀请客户参加毛坯工地开放活动，制订相应的活动方案 | 活动方案制订完毕后要发给客户中心审核 | | |
| 交付前3个月 | 制订《交付工作计划安排表》，明确工作内容及完成时间 | 计划工作表内容要及时通知相关责任人 | | |
| 交付前2个月 | 交付礼品的集中采购 | 一定按采购流程要求进行礼品采购 | 保修办负责理解客户需求，客户关系部负责统一采购 | |
| 交付前2个月 | 工地开放日前的风险排查，总结目前阶段存在的产品与客户风险 | 排查结果及时通知项目组及企业内部的分管领导 | 保修办 | |
| 交付前2个月 | 工地开放日；制订相应的活动方案 | 活动方案发送客户中心审核后，发送公司全体 | | |
| 工地开放日活动前7天 | 工地开放日活动通知 | 及时通知客户 | 客户关系中心 | |
| 交付前45天 | 组织项目部、设计部、营销、物业进行交付前联合验收 | 验收成果及时通知相对应的负责人 | 保修办 | |
| 交付前30天 | 依照工地开放日的摸底情况、按客户收楼的意愿程度将客户分类，并依此确定不同类别客户的具体交付时间 | 保修办信息员要做好信息分类工作，并将结果通知陪验责任工程师 | | |
| 交付前30天 | 完成《住宅使用说明书》、《住宅质量保证书》的编写及审批 | 及时完成审核流程 | 保修办 | |

续表

| 任务时间节点 | 任务内容 | 相关注意事项 | 责任部门 | 责任人 |
|---|---|---|---|---|
| 交付前15天 | 完成"两书"的印刷 | 印刷准确、及时 | 客户关系部 | |
| 交付前15天 | 向营销中心提供客户交付时间计划清单，以便寄发《商品房交付通知书》 | 制定准确、及时 | 保修办 | |
| 交付前15天 | 按照交付房屋的数量制订"快修"所需工种与人数 | 保证维修人员的质量 | 保修办与项目部 | |
| 交付前15天 | 确定交付流程各环节的办理地点 | 地点安排合理 | 保修办 | |
| 交付前15天 | 联系媒体广告公司确定交付现场包装方案 | 包装精美大方 | 客户关系中心 | |
| 交付前15天 | 确定交付现场所需人数 | 确定候补人数 | 保修办、物业、项目部 | |
| 交付前10天 | 交付现场供客户备查的相关资料，如：《消防验收证明》、《竣工验收备案证明》等 | 复印多份以方便查看，并注意加盖公章 | 保修办、项目部、项目事务部 | |
| 交付前10天 | 完成交付活动整体费用预算 | 预算要求详细、准确 | 保修办 | |
| 交付前7天 | 交付活动完成电话及短信邀约，确定交付到访时间 | 注意电话礼仪 | | |
| 交付前7天 | 对在工地开放日提出问题的户主，在邀约时告知问题处理完成情况 | 完成《工地开放日记录表》 | | |
| 交付前3天 | 检查精细工作是否已经全部完工，并对客户套内进行交付布置，摆放相关欢迎标语 | 注意完成布置时一定要锁好门窗 | | |
| 交付前2天 | 交付现场包装布置 | | 客户关系中心 | |
| 交付前2天 | 组织相关工作人员进行培训 | 尤其注意礼仪培训 | 保修办 | |
| 交付前2天 | 交付礼品到位 | 注意礼品的储存 | 客户关系中心 | |
| 交付前1天 | 交付集中办理去准备完毕、资料文具摆放到位 | 文具的数量要足够 | 保修办、物业 | |
| 交付后1天 | 交付活动总结 | 总结注意不要流于形式 | 保修办客户关系中心 | |
| 交付后7天 | 商品房交付催告函的寄发 | | 保修办 | |
| 交付后30天 | 集中交付期间产生的房屋维修问题，100%处理完毕 | 制定《装修房客户验房指引表》 | 保修办、项目部 | |

# 现场交付篇

## 3　体验式交房方案

"得业主者得天下"，为实现顺利交房，必须摒弃传统的开发商思维、物业思维，以业主的角度开展服务，重视交房过程中业主的体验。开发项目定位的业主群体对价格不敏感，产品或服务所带来的心理上的效益占据重要位置。"体验式交房"是顺应这一趋势形成的总体交房解决方案，对消费者形成全程体验，包括产品体验、环境体验和服务体验。"体验式收楼"不只是简单的感受产品和服务，而是创造一种氛围，通过"感官系统"（感觉、听觉、嗅觉、视觉、味觉）引导业主的感受从而提高业主的满意度，来达到高效收楼的目的。

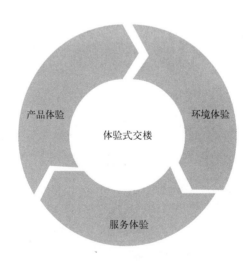

体验式交楼概念图

体验式交楼详解

| 大项 | 小项 | 具体措施（示例） |
|------|------|------------------|
| 环境体验 | 外部环境 | 现场装饰、灯光 |
| | 人文环境 | 如播放《石库门的故事》等内容视频引导暗示业主对未来生活的向往，以及对人文住宅的认同 |
| | 内部环境 | 售楼处背景音乐、香薰灯（小瀑布） |
| 服务体验 | 验房工程师 | 向业主提供验房服务 |
| | 快修团队 | 装修单位各快修班组 |
| | "专家岗"应急预案 | 物业经理+验房工程师经理 |
| | 后勤服务人员 | 客服、茶点、饮品、保安、门卫 |
| 产品体验 | 设计亮点 | 展板展示、媒体宣传、工法样板房 |
| | 材料品质 | 展板展示、媒体宣传、工法样板房 |
| | 工艺质量 | 展板展示、媒体宣传、工法样板房 |
| | 配套优势 | 便民手册（衣食住用行常用电话） |

## 3.1　产品体验

　　产品体验是以产品质量即房屋质量为核心，包括设计亮点体验、材料品质体验以及工艺质量体验三个方面。展示方法可以通过展板展示、媒体宣传、工法样板间等方式。通过工法样板间设置展示实际用材，让消费者看得见、摸得着，对产品质量放心。

图 3.1-1　展板展示工艺质量

图 3.1-2　工法样板间展示房屋质量

## 3.2　环境体验

房屋的环境体验包括人文环境体验、外部环境体验和内部环境体验三个部分。

**1. 人文环境**

通过播放音乐及视频引导暗示业主对未来生活的向往，以及对人文住宅的认同；强调业主社区活动及自发活动。

**2. 外部环境**

信息指引，如万科推出的信息卡；通过一张卡片就可以实现水电燃气网络电话等公共服务，为业主省去很多麻烦；开发商在设计房屋的时候注意电梯、冰箱位、微波炉位、洗衣机位的尺寸，站在业主角度出发。

**3. 内部环境**

（1）交通及停车位；

（2）一户一表编号清晰（水/电/燃气）；

（3）水/电/燃气/电视/电话/网络是否具备开通条件及是否可以现场开通；

（4）电梯三方通话是否正常？是否客货分流？是否二次保护？

（5）开荒清洁验收；

（6）永久水电。

## 3.3　服务体验

服务体验要以交付温情服务为中心，温情服务可以通过两个方法来展示：首先是构建专业的团队，包括陪验工程师、快修团队、"专家岗"应急预案、后勤服务人员等；其次是营造现场氛围，可以通过现场的装饰以及灯光手法等。

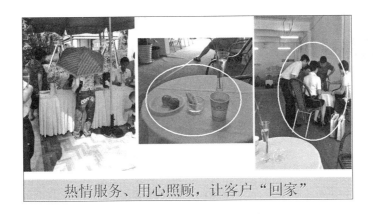

图 3.3-1　温情服务

图 3.3-2　专业队伍让业主安全有保障

图 3.3-3　媒体宣传强化业主信心

# 4 交付现场规划

## 4.1 设定现场交付目标

### 4.1.1 交付目标

现场交付涉及迎宾、陪验、处理投诉、应对突发事件等很多方面。因此，必须设定具体的目标，引导和督促现场交房的顺利进行。

现场交付目标表

表 4.1-1

| 工作目标 | 是否完成 |
|---|---|
| 一次性收楼率 | |
| 零缺陷率 | |
| 最多问题条数确定 | |

### 4.1.2 奖励制度

企业应该提供一定的奖励给员工，目的是激发交付人员工作热情，让他们用最好的态度去服务业主，最终能够顺利达到交付目标。

现场交付奖励制度表

表 4.1-2

| 项目部交付奖励制度 | |
|---|---|
| 陪验工程师奖励制度 | |
| 快修奖励制度 | |

### 4.1.3 反馈机制

现场交付期间，要在短短的时间内将几百套房屋交付出去，难免会产生问题。如：遭遇业主的投诉、员工工作程序方法不合理、某些员工现场应急能力过低等，因此，建立一定的反馈机制必不可少。

| 反馈机制制度表 | 表 4.1-3 |

| 反馈机制 | 是否履行 |
| --- | --- |
| 奖金当天兑现 | |
| 每天交付总结 | |
| 业主每天所提问题及答疑口径由专人记录整理留存 | |

## 4.2 现场动线设计和氛围营造

交房现场环境布置应根据交房规划确定的方案，在交房前一个月完成现场方案设计，交房前一周完成制作和现场安装。交房地点一般为售楼处，也可选择室外或室内大厅。

现场环境要求：布局流线清晰、注重服务细节，考虑不同业主需求，结合项目实际，营造轻松交房氛围。

### 4.2.1 动线设计五原则

交房现场的动线设计原则，一定要紧密围绕"业主体验"这个中心，让业主有马上入住的冲动。具体来讲，有以下五条设计原则：

（1）交付通道与施工通道隔离；

（2）投诉处理区（专家岗）与交付区隔离；

（3）最"美"路线原则（最具亮点展示性）；

（4）最短路线原则：服务于业主，而不是服务于工作人员；

（5）将业主"空闲时间"变成业主"感动时间"：模拟生活场景等方式。

### 4.2.2 交房氛围营造

**1. 入口处**

在交房现场入口处制作安置交房流程图和交房现场平面布置图，便于业主了解接房顺序和接房手续办理工作的相应位置。通过现场布置条幅、气球、充气拱门等布置，营造交房氛围。在入口及整个交房区域内设立道路指示牌，指引业主到交房现场办理入住。

**2. 签到验证区**

验证区内摆放复印机方便交房业主复印各种资料及证件。

**3. 等候休息区**

等候休息区域设置报架及刊物栏，放置报刊、业户手册读本、房屋"两书"范本、糖果、茶水、冷餐等，供业主查阅休闲。

售场效果维护人员与推广策划人员根据本项目交房基调和服务标准讨论现场效果，可安排一系列互动暖场活动，增强业主间交流。

图 4.2-1　入口的装饰　　　　　　　　　图 4.2-2　温馨的等候环境

### 4. 接待区

准备公司的各类证书、文件的集中摆放安排，包括交房流程图、物业公司简介、物业企业资质证书、服务价格（收费）监审证、市物价局文件、物业公司营业执照、竣工验收备案证等。

桌椅、板凳简洁大方，并便于写字；灯光、背景音乐等使用正常，符合交房当时的节气并利于营造氛围。售场效果维护人员与推广策划人员讨论现场效果，提出具体要求。

现场区域负责人　　　　　　　　　表 4.2

| 序号 | 区域划分 | 区域责任部门（单位） | 备注 |
| --- | --- | --- | --- |
| 1 | 等候休息区 | 物业 | 2名客服人员 |
| 2 | 签到验证区 | 代理公司 | 4人 |
| 3 | 缴费区 | 财务部 | 各派3名 |
| 4 | 签约区 | 物业 | 4人 |
| 5 | 验（收）房区 | 工程部 | 10人（物业2人） |
| 6 | 钥匙发放、委托及礼品发放区 | 项目公司客服 | 4人（物业2人） |
| 7 | 协调区 | 营销部 | 多人 |

# 5　交付引导方式

## 5.1　交付引导四步走

开发商必须学会引导业主需求，将业主需求引导至企业的优势所在。引导业主需求需要遵循以下四步骤。

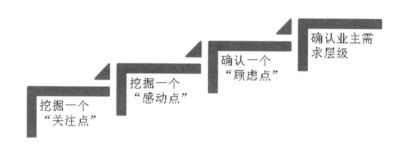

**图 5.1-1　交付引导四步走**

引导业主需求，服务人员的发问技巧是关键。最常用的教练式发问技巧包括融洽关系、收集信息、产生影响、促进交付四个步骤，如图 5.1-2 所示。

1.融洽关系

目的："破冰"

技巧："调频"、业主语言模式、肢体语言、措辞

标准：业主"身心语"

2.收集信息

目的：确认需求

内容："关注点"、"感动点"、"顾虑点"、需求层级

技巧：如果问敏感话题需要征得同意、不露痕迹

3.产生影响

目的：把业主带去我需要去的地方

内容：放大"好感"、消除"顾虑"

技巧：三选一、"3F"

4.促进交付

目的：满意高效

交付技巧：让业主自己选择

标准：趋利而行

**图 5.1-2　教练式发问技巧在交付引导中的应用**

### 5.1.1　融洽关系

【目的】

"破冰"——让对方收到你

【技巧】

"调频"——注意潜意识与显意识的同频、业主语言模式、肢体语言、措辞多用"我们"、"咱们"、"俺们"代替"我"、"你"（暗示我们是一家人）。

【标准】

业主"身心语"——采用"目视管理法"，当对方收到己方信息的时候，眼睛会发光、有很强的意愿和你深入交谈下去（洞察身体语言的变化）。

【方法】

方法1：赞美对方

赞美的方法：(1) 生人看印象；熟人看变化；(2) 逢人减岁，逢物加价；(3) 赞美不同之处。

赞美三句话：你真不简单；我很欣赏你；我很佩服你。

赞美训练的三个阶段：肉麻；舒服；润物无声。

如何寻找赞美点：(1) 从硬件去赞美：姓名、年龄、籍贯、相貌、亲人、朋友、单位、相貌、五官、身材、皮肤、穿着、态势。(2) 从软件去赞美：风度、气质、人品、性格、思想、爱好、学历、经验、心胸、能力、精神。

赞美原则：真诚、恰当、因人而异（对方关注点）。

方法2："讲故事"——吸引业主

方法3：多人接待方法——抓住一个"心上人"、把握一个"话事人"

方法4：三句话打动业主

第一句：把对方的感受说出来；话术：今天比较热吧？等了很久吧？

第二句：用一个比较容易回答的问题引业主开口；话术：您们今天一家人一起过来看新房子啊？

第三句：先跟后带。

### 5.1.2　收集信息

【目的】

确认需求

【内容】

马斯洛理论把需求分成生理需求（Physiological needs）、安全需求（Safety needs）、爱和归属感（Love and belonging）、尊重（Esteem）和自我实现（Self-actualization）五个层次,需求从较低层次逐渐向较高层次发展。不同层次需求的业主买房的目的、对房子的要求各不相同，因此确定业主的需求对成功交房至关重要。

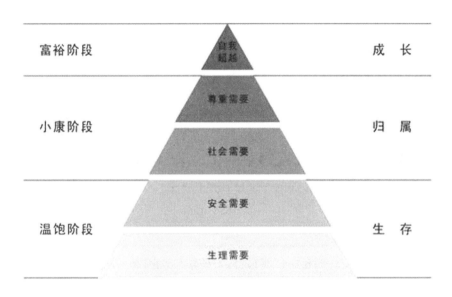

图 5.1-3　马斯洛需求层次分析

### 5.1.3　产生影响

【目的】把业主带去我需要去的地方

【方法】

方法 1：放大好感

技巧："创造业主体验联想 3 步曲"——触发感觉→引发联想→创造体验。

方法 2：打消顾虑

技巧："3F 技巧"（feel、felt、found）——感觉（同频）、感到（理解）、发现（化解）。

"三句话"：重复业主感受、用业主语言理解（说出业主曾经的感觉及其变化）、用业主语言化解（提供改变业主感觉的正确处理信息）。

可采用的话术如：

我感觉……（感同身受），确实有很多业主当时有这样的感觉……后来发现其实……

①您是说……是吗？

您的意思是……我可以这么理解吗

②确实我们也有老业主提出这样的看法，感到……

确实有一些业主一开始也有这样的感觉……

③后来发现一套房子的价值取决于好几个因素……

【特别提示】切勿无目的性的随意引导；少用"你"，多用"我们"、"咱们"；如果可能涉及隐私问题，一定要请求许可。

## 5.1.4 促进交付

【目的】满意高效

【交付技巧】明确列出业主收楼的好处和不收楼的坏处，让业主自己选择。

| 业主收楼的好处 | 业主不收楼的坏处 |
| --- | --- |
| 1. | 1. |
| 2. | 2. |
| 3. | 3. |
| 4. | 4. |

图 5.1-4 罗列收楼好处与不收楼坏处

# 5.2 交付引导三模式

每个人都有自己接受外界信息的方法，概括起来说人与外界沟通有三种模式，即视觉型、听觉型、触觉型。交房人员要善于发现业主的行为模式，并加以甄别，进行相应的交付引导。

## 5.2.1 视觉型（Visual），约占人群的 50% ~ 55%

身体姿势：背部后倾；头部向上；呼吸较浅而快。

身体线索：喜欢颜色鲜明、线条活泼；一心多用。

手势：手势多在眼睛水平位置，有时会指向眼睛；坐不定，多小动作。

眼睛移动：说话时习惯性往左右的上方移动。

言语模式：说话大声，且快；简明扼要，在乎重点而不在乎细节。

【引导示例】

（1）从这窗看出去绿树成荫，景色真是太美了。

（2）厨房的光线和通风都很好！

（3）你见到浴室这些色彩鲜明的瓷砖吗？

（4）这窗帘要是配上和你衣服一样颜色的窗帘，效果一定非常好！

（5）我们的房子设计颜色深，没有光污染，又很时尚，很适合年轻人居住。

【引导道具】

质量报告；宣传手册；精美图表图像；颜色鲜明的视频广告片；现场布置的多彩气球

等（"给他看到"）。

### 5.2.2　听觉型（Auditory），约占人群的 20% ~ 30%

身体姿势：身体前倾；头部侧向两旁，常按嘴或托耳下；双手交叉在胸前。

身体线索：呼吸平稳；常有节奏感的身体语言；喜欢侧着头听人说话。

手势：手势在耳朵或口部附近。

眼睛移动：眼球多转动，说话时经常左右平行移动。

言语模式：说话内容详尽，唠叨，重细节；注重文字优美，不能忍受错字；难以忍受噪声；办事注重程序步骤。

【引导示例】

（1）这个房子的楼板和墙体都特别增加了隔声措施，不会被邻居噪声骚扰。

（2）这个房间用作视听室（HI-FI 房）最合适，你可以惬意地边看书边听音乐。

（3）专家说你们这个房至少增值了 30%。

（4）听听这橱柜门，关的时候和关宝马的门声音一样，沉沉的很耐用。

（5）这个房子设计颜色深没有光污染，又有音乐的韵律感。

【引导道具】

动听的广告片；详细讲解宣传单的内容给他听；专家的验收报告讲给他听（"让他有机会听"）；音乐喷泉。

### 5.2.3　触觉型（Kinesthetic），约占人群的 25%

身体姿势：身体前倾；头部向下；呼吸较深且慢。

身体线索：身体放松，坐姿随意；喜欢别人关怀，注重情感；行动缓慢；多胖人；喜欢身体接触来感受外界。

手势：手势在颈部以下，多放在胸前或腹部。

眼睛移动：说话时眼睛喜欢往右下角移动。

言语模式：不多言，说话沉而慢，可长时间静坐。

【引导示例】

（1）一进来就很温馨，有家的感觉！

（2）××小姐，你赤脚走一下这木地板，很有质感！

（3）我们这有东南亚风格的室外游泳场，很适合一家人享受阳光浴。

（4）我们小区基本上每周都有业主活动，有兴趣可以上论坛参与一下。

【引导道具】

等待区的软沙发（"让他有机会体验"）；让他拿着宣传单；热咖啡；喷泉香薰灯；鞋套；爆米花。

# 6 一般交付流程

一般交付流程由视场交付岗位人员完成。

现场交付岗位涉及礼宾岗、引导岗、接待岗、交费岗、签约岗，以及负责交房陪验的验房岗、快修岗、专家岗八个岗位设置，具体岗位流程如图所示。每个岗位有各自的工作任务和注意事项。

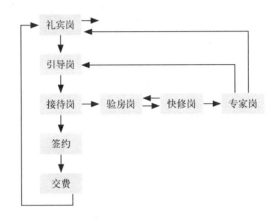

8个岗位设置

## 6.1 迎接、接待

（1）接待人员应主动上前问候，并询问、甄别身份。

（2）如业主是亲属多人陪同，应说明只需业主办理手续即可，并向业主亲属介绍休闲项目并指引休闲区位置。

（3）安排业主按顺序就座等候，提供报刊。

## 6.2 报号

（1）报号员负责业主《交房登记表》填写并按顺序安排拿号。

（2）如业主较多等候时间较长时，应向业主致歉并说明情况，请业主谅解。

## 6.3 身份验证

（1）业主办理交房手续应首先确认业主身份及交房资格。

（2）首先请业主出示《商品房交付使用通知书》，并核对《交房业主清单》。

（3）无误的情况下，请业主出示身份证件，与《交房业主清单》及本人进行核对。

（4）验证无误，留存《商品房交付使用通知书》和业主身份证件复印件，如业主未带身份证件复印件，则请引导员通知资料员代为复印，复印后留存复印件将原件交还业主，并继续办理签约手续。

（5）如遇业主未带《商品房交付使用通知书》或《交房业主清单》；无有效委托手续的业主委托人办理手续；联名业主未全部到场办理交房手续；业主是未成年人等情况时，按应变方案处理。

## 6.4　签约、收集资料

（1）首先请业主填写《签约业主登记表》，并出具《商品房交付使用通知书》及《商品房交付指引》中业主需带的各项资料，如业主是单位性质，则先不要求出具。

（2）取出交房资料，将其中的《临时管理规约》、《前期物业管理服务协议》等交业主翻阅，并说明无问题需业主签署。

（3）业主翻阅协议的同时，在《房屋交付办理流程单》登记业主房号、姓名。

（4）解答业主对《业主临时管理公约》、《前期物业管理服务协议》的疑问。如无法回答业主疑问，应请调度通知投诉咨询人员前来解答或直接请调度将其带至投诉咨询组解决。具体操作依照应变方案相应条款。

（5）业主对条款无异议的，指引业主在签约页上签字。

（6）整理业主资料（包括《商品房交付使用通知书》、身份证件复印件）及签订的签约页、协议文件等。

（7）对照《交房工作流程单》，如有缺失或业主未签订相关协议的，在《房屋交付办理流程单》上标注，并签字确认。将《业主手册》、《房屋使用说明书》、《房屋质量保证书》示意给业主看，简要说明内容，一并装在手提纸袋内双手递交给业主。

（8）将《房屋交付办理流程单》交给收费人员并引领业主交费。

（9）如需等候收费，则先请业主在原座位上稍等，待收费处有空位后再引领业主交费。

## 6.5　收费

（1）由签约人员处接收《房屋交付办理流程单》，按顺序排列。

（2）引导业主就座。

（3）核查《交房费用明细表》中列出该业主应缴金额。

（4）明确告知业主应缴金额，业主如有疑问，现场进行复核。复核发现金额不符，应核对售房合同（原件），确系计算错误的立即向业主致歉，并将正确金额注明在原金额旁，并签名。

（5）收齐款项后，开具发票或收据，递交给业主。

（6）在《房屋交付办理流程单》上注明收取款项金额，签字确认。

（7）如业主对收费提出异议，可按照应变方案相应条款处。

（8）指引业主到收匙组办理验楼手续，将《房屋交付办理流程单》交付收匙组。

## 6.6 验收

（1）钥匙管理员将《房屋交付办理流程单》按先后顺序排放，安排验楼员领取钥匙并将房号登记在《验房业主登记表》中。

（2）验房人员在验楼等候区内接待验楼业主。

（3）钥匙保管处保持4名备用验楼员，钥匙管理员负责及时通知补充。

（4）如业主验楼时无备用验楼员，则通知调度安排业主在验楼等候区休息，调度将《房屋交付办理流程单》交钥匙管理员后返回岗位，钥匙管理员将《房屋交付办理流程单》按先后顺序排放，待验楼人员回来后统一安排进行验收。

（5）验楼员引领业主前往验收单元后使用房门钥匙开启房门，并请业主先行进入。

（6）由房门处开始引导业主按照电—水—墙—地—窗户—其他设备设施—水电表—外墙等顺序验收。

（7）业主有疑问的，如有工程师陪同，应由工程师负责解答，如属工程质量问题则征求工程师意见后记录到《房屋交接验收表》中；无工程师陪同，如业主提出的问题不属于工程质量问题，应向业主说明讲解，如属工程质量问题或业主坚持的，应记录到《房屋交接验收表》中，记录应100%准确、详细。

（8）无工程师陪同时，如解答业主询问可能耽搁时间太长或无法解答的，则向业主说明稍后请专人解答，并在验楼结束后引领业主给地产工程师。业主询问整改期限时，不应盲目答复整改期限，而应根据实际问题、现场情况或应变方案处理。

（9）验楼时间应尽可能控制在30分钟以内。

（10）验收完毕，将房间钥匙当面清点后交与钥匙管理员装入信封交付业主，并根据验收情况填写《房屋交付办理流程单》、《业主钥匙／物品领用清单》，请业主签字确认。

（11）如需整改维修的，应在《业主钥匙／物品领用清单》中注明。

（12）如业主拒绝签字，则先不交付钥匙，并通知调度及相关人员协助处理。

（13）填写《验房业主统计表》，并将《房屋交付办理流程单》与《业主钥匙／物品领用清单》归类由钥匙管理员统一存放。

（14）业主填写《钥匙委托书》，并将全套钥匙交至项目客服部保管。

（15）当天交房工作结束后，将当天的《验房业主统计表》、《房屋交付办理流程单》

和《业主钥匙 / 物品领用清单》及留存钥匙统一交到客服，由客服汇总后转至工程部，工程主管安排整改维修。

## 6.7 赔付处理注意事项

因房屋质量问题，业主可能会拒绝收楼并提出赔偿要求的处理。

由于房屋在交付使用时会存有一些不影响使用功能的质量问题，故交楼时业主会收到《新建住宅质量保证书》，根据国家和地方的相关法规规定，由开发商提供相应的维保期限。业主提出的房屋质量问题如果确实较为严重，已影响到正常使用该单元，需及时与开发商协调解决业主提出的有关合理要求。一般来说，对于一些小的质量问题，物业接待人员必须告知拒绝收楼的业主，管理公司是根据政府有关法规合法地履行交楼程序，对于房屋存在的质量问题，管理公司将马上跟进相关施工单位予以维修整改，在承诺时间段里完成维修工作。而表 6.7 中的原因，则是一般可能产生赔付的，应特别留意。

**1. 可能产生赔付的原因主要由公司行为造成**

| 可能产生赔付的原因 | 表 6.7 |
| --- | --- |
| 原因表述 | 满足与否 |
| 因公司原因导致房屋晚于房屋销售合同约定时间交付的 | |
| 因公司原因导致房屋交付标准与房屋销售合同约定不符的 | |
| 因公司原因产生房屋质量问题导致业主损失的 | |
| 因公司原因导致房屋个人权属证书晚于房屋销售合同合同约定时间取得的 | |
| 其他因公司原因导致赔付的情况 | |

**2. 寄发《收楼通知书》**

交房小组应按照《商品房买卖合同》约定的交楼时间提前 15 天以项目开发商的名义按照合同中记载的地址向业主寄发《收楼通知书》，该通知书需采用挂号或特快专递方式邮寄，邮寄时应在内容中注明文件名称为"收楼通知书"，并保存好盖有邮局印戳的回执。通知的形式可采用：全国发行的报纸刊登，以及寄发《收楼通知书》。交楼通知书的寄发；通知的内容应具体明确。如需要缴纳的费用如物业费、大修基金等，自己不能办理时应提供公证的授权委托书等。通知后的法律后果，第一是房屋物业服务费等费用起始计算；第二是房屋保险期限开始计算；第三是房屋灭失风险转移。

**3. 业主按时来收楼**

业主按照收楼通知书中的时间前来收楼的，交楼人员应以优质的服务按照收楼流程为业主办理收楼手续，要注意：

（1）如业主对收楼没有任何意见，则引导业主交纳收楼相关费用，领取商品房钥匙，查验其所购商品房，签署收楼文件，直到完成所有交楼手续。

（2）收楼文件的签署时间一定要是《商品房买卖合同》约定的交楼时间（包括安排收楼的免责时间内），避免业主收楼后再向项目公司索赔，如是本月底交楼，一定是在本月底前。

（3）如业主在验房时对商品房质量有意见，则应确认情况问题并向业主讲解清楚该部分问题。公司会在其收楼后在限定的时间内为其整改至合格为准，如业主接受此种解释，则按照前述程序为业主办理收楼手续，并详细记载业主反映的质量问题，在规定时间内将质量问题整改完毕并通知业主过来查验。

（4）如业主不接受上述解释，则看质量问题是否属实，如确属质量问题，则项目公司整改完毕后再通知业主过来收楼，业主签署的收楼时间应满足合同约定。

（5）如不存在质量问题，而是业主故意刁难，则再次发催告函通知业主前来收楼。

（6）如业主对小区配套、物业管理费用提出意见，应先耐心听取，再向业主解释。作为开发商，只要交付的房屋符合合同的约定，并提供了合同约定的竣工验收合格的证明文件（一表两书），就已经完成了交付房屋的义务。至于小区配套设施的完善与否，并不影响房屋的交付使用，可以后期完善。

对于物业管理费的收费标准，已经在销售时公示，并已经在签署商品房买卖合同时双方签署。

**4. 业主未按时来收楼**

如业主未按照收楼通知书中的时间前来项目公司收楼，交楼小组应按照《商品房买卖合同》约定以项目开发商的名义按照合同中记载的地址再次向业主寄发《收楼催告书》，该催告书需采用挂号或特快专递方式邮寄，邮寄时应在内容中注明文件名称"收楼催告书"，并保存好盖有邮局印戳的回执。

# 7　交付陪验五部曲

交付服务的核心是帮助业主解决问题，提高业主的满意度。决定交付成功与否不在于投资资金的多少，而是在于服务者的心态，拥有良好敬业心态的服务人员，能够提供给业主温暖人心的服务；而抱着消极态度的服务人员，往往会使业主感到厌烦，影响成功交付。

## 交付服务心态

- 为了生存而做你能得到的少得可怜，不计回报的用服务感动业主你会得到更多
- 心中无敌则天下无敌
- 只有用心一致，才能用力一致
- 客户无小事，用心解问题
- 因我们产品不够精细，我们怀着负疚的心、宽容的心、感恩的心
- 感谢业主给我们机会来解决问题

交付服务心态

交付服务可以分为五层次

- 用利服务——推销"签收了我还有别的事"、"送你三个月管理费"。
- 用力服务——机械式，"规定"、"我们公司就是这样的了"。
- 用心服务——为对方着想，满意。
- 用情服务——留下回忆，感动。
- 用智服务——传颂。

交付服务共分为接待、带客、陪验、送客、整改回复五个步骤，每个步骤的目标分别是友好、满意、认同、感动、传颂；每个阶段都有不同的交房技巧，运用得当可逐步提高交房成功率。

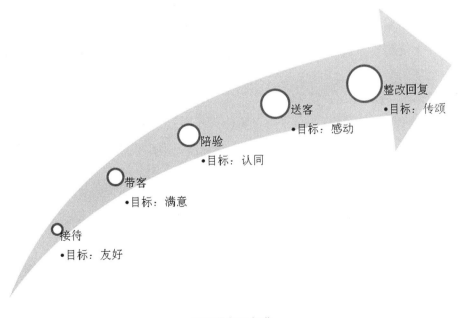

交付服务五部曲

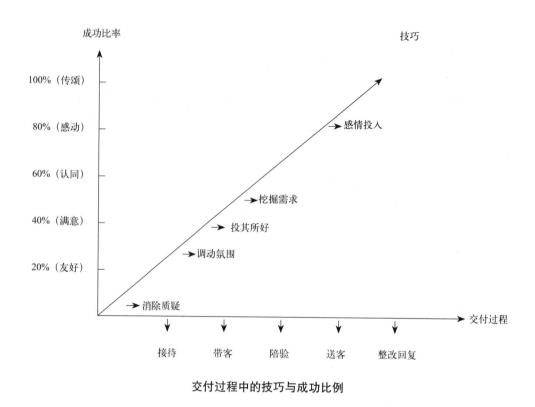

交付过程中的技巧与成功比例

## 7.1 接待（目标：友好）

【基本任务】

消除质疑，态度友好（急业主所急，想业主所想）

【基本动作（"接口"）】

（1）在每个来入伙的业主胸前贴上一个笑脸和一句话"收楼啦！"；每个验房工程师胸前挂一个笑脸及一句自己的服务承诺，还有一句话是写在心中的"业主是我人生的贵人"。

（2）领钥匙、鞋套；

（3）自我介绍并递名片：姓＋先生／女士（小姐）：您好，我叫××，今天由我陪同您看房，一直到入住的这段时间都是由我和您对接，希望我能帮到您。您看现在方便去看房吗？

【可选动作】

"专业陪聊"；"水果大餐"；关注"心上人"——和老人或小孩打招呼

【注意事项】

（1）板夹标配：业主跟踪信息表、交付标准、标准户型图、笔、问题记录表、架构信息图、统一口径；一个信封（里面有家居户型布局图、家电安装和搬家通行空间尺寸温馨提示卡）；

（2）工具包标配：风水卷尺、插座检测仪、圆珠笔、两用螺丝刀、保护垫、纸巾、标签贴。

【答疑口径】

交付流程；交楼费用；签署文件。

## 7.2 带客（目标：满意）

【基本任务】

调动氛围；投其所好，让业主满意。

【基本动作（"接口"）】

（1）亮点介绍：教育配套；团购活动；免费放盘；（参考销售动线口径）。

（2）进门仪式：我来给您开门（把钥匙插入锁孔开锁后但不开门），然后退让一步。"请业主开门！"同时鼓掌说"恭喜恭喜！"（也可拿一个礼花）。这样可以增加温馨气氛，消除了业主的抵触心理。

（3）戴鞋套，进入室内。

## 7.3 陪验（目标：认同）

【基本任务】

挖掘需求，感情认同。

【基本动作（"接口"）】

（1）通风换气：进门后工程师应主动先把配电总电箱开关和门窗打开通风换气，打开所有电灯。

（2）介绍陪验：××先生/女士（小姐）：今天看房服务有两种方式：一是您自行看一看，有疑问我给您解答和演示，对于简易维修现场即可整改；另外一种是由我按看房流程逐项为您介绍、演示，不知您选择哪种方式？

（3）陪验：业主自己看房时，验房工程师需要全程关注、留意业主本人，跟随其右侧，适时回答业主提出来的疑问，帮业主操作各种器件试验使用功能；要求我们指引验收时，按入户门厨房边开始分区域介绍，验收到某一部位后，需主动试验演示、操作及提示维护经验。

（4）抄水电度数：我们一起看一下水电底度。

（5）家居布局：验收完毕后，主动把"家居户型布局图"和卷尺给业主供业主丈量空间尺寸。可帮业主参谋如何布局。

（6）询问需求：××先生/女士（小姐），我已经对房屋进行了全部讲解验收，还有什么我可以协助到你的吗？如果没有的话，也请留个联系电话方便联系你（顺便让他签名）。

（7）关闭门窗水电：离开房间前负责关闭门窗、水电、锁好门（切记）。

【可选动作】

家电家具及维护选购技巧；家居防潮技巧；大理石保养方法；厨具维护保养常识；洁具维护保养常识；木地板维护保养常识；安全用电常识；用水安全常识；防火防盗安全常识；赠送儿童防撞护边；赠送家具防磨地垫。

【注意事项】

（1）提前演练熟悉全屋功能使用讲解。

（2）对于有疑问的业主或情绪激动的业主，需带到咨询岗咨询或电话求助增援。

（3）如果碰到业主自行验房而且非常挑剔的情况下，可以提示业主验一些更重要的水电项目，让业主拿着插座检测仪带他全面检查一遍；或主动帮业主检查门窗、墙面，发现一些小的问题及时通知维修岗维修，增加业主的信任度。

（4）现场要督促快修工人做好成品保护。

（5）不要随意向业主承诺更换成品等，可以记录下以后回复业主或专家岗确认。

（6）验房单只供记录问题，不要在验房单书写任何保证与承诺，如"××天内维修完成"、"维修完成后联系业主现场验收"等，如业主坚持要我们给书面保证，引导业主到专家岗咨询。

（7）在整个过程中验房师要把从业主那捕捉到的信息及时填写在业主跟踪表上（比如业主有没有孩子老人，身体如何，开车还是坐车，关注焦点，是否有问题）。

（8）千万不要回避业主提出的问题。

## 7.4　送客（目标：感动）

【基本任务】

温情关怀，挖掘感动点

【基本动作（"接口"）】

（1）陪验结束：××先生／女士（小姐），今天看房辛苦您了！我们在现场为您特别准备了一些茶点。

（2）沿途介绍：未来居住的憧憬；居住可能碰到的困难如何解决；根据之前收集的信息，针对业主关注的内容进行积极的介绍。

（3）满意度调查：返回销售厅的满意度调查岗时，主动引导业主稍做休息填一下调查问卷；

（4）道别：××先生／女士（小姐），恭喜您即将乔迁之喜！如果有什么我能协助到的您及时给电话我，再见！

【可选动作】

根据关注点设计，抓住一个"话事人"。

## 7.5　整改回复（目标：传颂）

【基本任务】

感情投入，让业主放心。

【基本动作（"接口"）】

第二天跟进问题整改并电话回复进度。

【可选动作】

节假日及周末祝福信息。

客情维护跟踪表　　　　　　　　　　　　　　　　表 7.5

| 负责人： | | | | 楼栋房号： | | | |
|---|---|---|---|---|---|---|---|
| 业主姓名 | | | 手机号码 | | | 职业 | |
| 年龄 | | | 房屋用途 | □自住　□投资 | | 计划入住时间 | |
| 兴趣爱好 | | | | 是否开车 | □是　□否 | | |
| 家庭成员及健康状况 | | | | 核心关注点 | | | |
| 跟进记录 | | | | | | | |
| 时间 | 跟进方式 | | 跟进内容 | 跟进结果 | 业主满意程度 | | 措施 |
| | □面谈<br>□电话<br>□网络 | | | □已解决<br>□未解决 | □不满意<br>□一般<br>□很满意 | | |
| | □面谈<br>□电话<br>□网络 | | | □已解决<br>□未解决 | □不满意<br>□一般<br>□很满意 | | |

# 8　业主关系维护

## 8.1　答疑技巧及常见答疑问题

### 8.1.1　答疑技巧

**1. 答疑技巧（客情维护）**

（1）抓住一个"话事人"：

①真心欣赏，聊他擅长或感兴趣的行业，"请教……"。

②感同身受，体贴入微。

③找相同点：价值相同，共同兴趣爱好，同乡等。

（2）专注一个"心上人"（老人、孩子）：感同身受，"我也有一个小外甥……"

（3）挖掘一个"关注点"：业主对房子的哪方面比较关注，如风水、空气质量、空间间隔、采光通风、地段。

> **延伸阅读**
>
> **现场常见问题的答疑技巧**
>
> **装修标准**：引导业主点清配套的设备数量及提示使用方法；转交成品家电保修卡及说明书等资料。
>
> **平面图**：引导业主关注如何布置并适当关心提示（如怎么选家电、家具等）。
>
> **业主配套**：引导业主关注小区的便利及社区文化。
>
> **小区便利**：教育、医院、交通、商业区、老人活动中心、银行等。
>
> **社区文化**：小区统一组织的活动；业主自发组织的聚会等
>
> **安全隐患**：提示业主哪些影响承重结构的地方是不能拆除的（可详见《住宅使用说明书》）。
>
> **环保类**：室内有异味、水管水发黄：由于久未使用才导致这样，有检测证明可查阅，提示业主室内空气污染90%是家具带进来的。
>
> **水电费用**：提示业主可以把吊灯内灯泡换成节能的省电；抄水电表时适当赠送几个电字。
>
> **验收文件**：我们按国家要求在收楼现场公示所有的收楼资料，可随时查阅。
>
> **测绘数据**：测绘表在入住以后现场实测，提示业主不要在房产证出来之前进行封阳台等更改。
>
> **业主聘请"验房师"**：认同业主的消费方式，"欢迎业主请专业人士帮助我们控制工程质量"，对自己的产品有信心，"好房不怕验"。
>
> **直面问题**：对其提出的问题及时用心整改。

**2. 答疑分类**

现场答疑主要问题可以分为8类，这8类问题往往也是业主的关注焦点。

（1）物业服务类：①相关费用；②维保修。

（2）环境配套类：①交通；②银行；③医院；④餐饮；⑤学校；⑥商场（菜市场）；⑦停车场；⑧人性化设施（会所、儿童及老人娱乐场所）；⑨周围影响设施（电厂、垃圾场、庙宇、公路）。

（3）销售承诺类：①报纸广告；②宣传单。

（4）合同附件类：①装修标准；②平面图。

（5）设计缺陷类。

（6）房屋质量类。

（7）材料及施工亮点。

（8）区位价值。

同时对表 8.1 中所列的信息答题也提前统一口径培训。

信息答疑类　　　　　　　　　　　　　　　　表 8.1

| 项目类 | | 销售类 | | 物业类 | |
|---|---|---|---|---|---|
| 项目类 | 设计理念类 | 销售类 | 交纳类 | 物业类 | 交纳类 |
| 区域地理 | 设计理念 | 买楼流程 | 交纳节点 | 日常管理 | 停车费用 |
| 区域交通 | 户型类别 | 交楼时间 | 贷款按揭 | 交通概况 | 物管基金 |
| 监理公司 | 面积类别 | 交楼标准 | 房税费用 | 行车指引 | 水电费用 |
| 竣工时间 | 材料类别 | 交款指示 | | 安防概况 | 管理费用 |
| 未来规划 | 科技类别 | 合同条款 | | 管理流程 | |
| | | | | 保修流程 | |

## 8.1.2 常见问题答疑

（1）所有话术及口径说辞分为常规问题和个性化问题，由验房公司项目部主导，联合开发商项目工程部、物业公司、销售中心及客服模块在交付前半个月整理修正完毕。

（2）回答要求确切精准，这样才能真正体现对小业主的体贴入微，比如交通方面，不能告诉业主"有公交车到小区"，要回答"有 32 路、78 路车分别到……方向"。

（3）由项目经理通过会议宣讲互动、现场演练等形式培训，并出台考核奖励方案由公司总部批准后执行。

以下列举了常见的入住房和客服问题答疑。

**1. 常见入住问题答疑**

（1）物业管理是什么？

答：物业管理是由专门的机构和人员组成，依据合同或契约，对物业及其附属设施周围环境实施专业化、综合性的经营管理，并向住户提供综合性的有偿服务的组织。

（2）我来办理入住手续需要带哪些资料？

答：您分别需要携带：①入住通知书；②《授权委托书》；③身份证；④购房合同；⑤购房交款发票、房款发票；⑥天然气发票；⑦代办费发票；⑧《收房手续书》；⑨物业管理费用。

（3）我们应该怎么办理入住手续？

答：由业主服务中心人员查验业主相关资料—业主验房—业主在签字确认移交接收文件—签订物管协议—交费—领钥匙、物品、资料。

（4）我在外出差，可否让其他人来帮我办理入住手续？

答：业主出差可授权他人代办，但要业主的授权证明、业主及被委托人身份证复印件。

（5）业主不在本地，能否延期办理入住手续？

答：可委托他人办理，如不是房屋质量问题不能延期办理入住手续。

（6）《业主临时公约》是什么？签了有什么好处？

答：《业主临时公约》是业主和物业管理公司之间相互制约的公共性约定。它有利地保障了业主的利益。

（7）住宅是否可以办公？

答：原则上非商住两用住宅是不可以办公使用的，办公须符合相关部门有关规定，经物业同意，具有工商行政等主管部门的批文。

（8）你们的物业管理费用为什么这么高？

答：我们的物业费制定是在物业管理条例的制约下，根据物业服务的项目和标准，由物业公司提出申请，物价局统一审核、批准的。物业费收费标准是根据当地的消费水平和提供的服务标准确定，我们会让您享受到性价比最高的服务。

（9）房屋出现质量问题物业管理费怎么收？

答：物业管理费收取是根据当地相关规定进行收取，本标段在交付前、进行交付活动后物业已经进行本小区物业管理工作及安保工作，费用计取将按照本标段统一的约定时间进行收取，如房屋出现质量问题，物业部门将报相关部门维修，修复后由业主进行验收。

（10）装修是否可以拆改？如想拆改怎么办？

答：规范规定，砖混结构住宅所有墙体包括非承重墙都不能拆改。业主若想拆改非承重墙，可以到区属房管局办理相关手续。

（11）阳台、露台能封闭起来吗？

答：为保证小区的整体环境不受影响，物业不允许封小院、露台等；在不影响整体环境和邻居使用的情况下，可做装饰性的花架等。

（12）可以做防盗护栏吗？

答：根据有关规定所有外檐部分都不可以改变（包括小院），物业管理考虑小区的美观及整体一致性，不允许私自装护栏。

（13）物业费包括哪些项目？

答：包括：管理服务人员的工资和按照国家政策规定提取的管理费用；公共设施设备日常运行、维修及保养费；绿化管理费；清洁卫生费；保安费；办公费；物业管理单位固定资产折旧费；法定税费；有关物业保险的投保费用；其他有关本小区管理公约订立的支出费用。

（14）小区有哪些安防措施？

答：小区设有一系列智能安防措施：物业语音、视频联网；室内紧急呼救；室内燃气报警；入户防盗门；小区门禁系统；治安警务室；24小时安全巡逻；电子巡更；楼宇单元可视对讲；公共区域电视监控。

（15）小区出现失窃或车辆损坏丢失等情况物业如何处理？

答：小区的智能化防盗设施以及保安人员将会尽力避免物件丢失现象的发生，我们也会利用人防技术进行防控。如果一旦发生了，物业会配合有关治安管理部门来迅速处理这些问题。

**2. 常见客服问题答疑**

（1）为什么一定要签订《前期物业管理服务协议》？

答：《前期物业管理服务协议》是业主和物业公司正式建立服务关系的法律规定，其中对物业服务的内容、物业服务质量、物业服务费用、业主和物业的权利和义务、共用设施、设备、场地的运行维护费用、双方违约责任等内容作了明确约定，是保障业主权益的具有法律效力的协议。

（2）为什么要填写《业主档案》？

答：①为了更方便为您服务，同时也为了规范本小区的管理，初步了解您及您的家庭情况，是我们物业应该做的一项基本工作，也是居委会、街道办和辖区派出所对小区居民的要求。②对您本人及家庭有了初步了解以后，便于我们将来针对性地开展社区服务。③对于小区业主的资料，本物业公司是绝对保密的，这是作为物业工作人员的一项基本的职业道德，请您放心。

（3）水、电、气为什么要过户？怎么办理过户？

答：在建房时，由于开通水、电、气必须要开户，开户时所有的户名均是"××物业"的名字，为了将产权能及时转给业主，在物业办理交房手续时办理过户手续，也省却了业主自己办理的麻烦。业主在办理入住手续时，物业客服人员会让业主签订水、电、气过户协议、合同。业主须按照要求如实填写，并签字确认，留存身份证复印件×份（不够的物业可以复印）。

（4）物业管理费都含有什么服务项目？

答：我们提供的服务项目很多，主要是日常服务。包括：物业公用部位和公用设施设备的日常运行维护，物业管理区域清洁卫生、绿化养护、安全防范、装饰装修管理等。

（5）交房后不入住，房屋（空置房）如何收费？

答：空置房是指开发商在移交物业管理后未售出的房屋。业主收楼后，空置期间物业费用是否应该由业主补交，补交多少比例，视各地规定而定。已售房屋不入住的房屋不属于空置房屋，此类房屋的物业费由业主全额缴纳：物业服务主要是对公共部位和公共设施设备进行管理，从而使物业保值增值，部分不住业主的也会因此受益，根据"谁受益，谁承担"的物业收费原则，空置房屋业主在接到入住通知后也应该全额交纳物业管理费。

（6）房屋出现问题物业费还收吗？

答：一般情况下，房屋出现质量问题属工程质量问题，应该由开发商解决：物业费是物业公司对提供的服务收取的费用，所以房屋出现质量问题时物业管理费正常收取。针对业主房屋出现问题，物业部门将站在业主的角度及时报地产售后部协调维修。

根据 2015 版《商品房买卖合同示范文本（预售）》，商品房出现质量问题，买受人有权采用如下方式处理：

①地基基础和主体结构。出卖人承诺该商品房地基基础和主体结构合格，并符合国家及行业标准。经检测不合格的，买受人有权解除合同。

②其他质量问题。该商品房质量应当符合有关工程质量规范、标准和施工图设计文件的要求。发现除地基基础和主体结构外质量问题的，双方按照以下方式处理：

a. 及时更换、修理；如给买受人造成损失的，还应当承担相应赔偿责任。

b. 经过更换、修理，仍然严重影响正常使用的，买受人有权解除合同。

在这种方式下，是否收取物业费需要看属于哪种质量问题。

（7）装修办理的流程是什么？

答：①申请时如实填写《房屋装修申请单》的各项内容：装修项目、范围、时间、施工队一起与物业处签订《装修责任书》，且附装修设计图纸、室内装修说明书等。

②审批后，装修施工单位申请进场前，需交纳装修施工押金、垃圾清运费，取得物业公司开具的开工许可证，施工人员办理出入证，方可进场施工。

③装修完毕，业主、装修施工单位会同物业专业技术人员对房屋进行三方初验；一个月后，复验合格，填写《房屋装修验收单》，三方确认合格签字，办理退款手续。

（8）申请装修时都带哪些材料？

答：①签完字的《装修协议》；

②填写完毕的《房屋装修申请单》、《改动声明》及《防火责任书》等；

③装修单位营业执照、资质等级证书、法人身份证复印件各一份（加盖红章）；

④房屋装修施工图（包括建筑、给水排水、电气线图等），中央空调安装方案应按管理处统一规定的方案施工；

⑤装修人员身份证复印件 1 张和 1 寸照片两张；

⑥装修合同复印件（加盖装修公司红章）。

（9）装修时是否可以拆改墙体？如果要拆改，怎么办？

答：为确保您的房屋以及整个楼宇的安全，承重墙不可以有任何改动。对于非承重墙，因您的需求需要拆改时，请提前写出书面申请，经相关工程部门确认后再行实施。

（10）物业可以给业主改吗？收费多少？

答：一般不给业主拆改。一是物业无专业的拆改资格，本着对业主负责的态度，请业主找专业人员、公司拆改；二是物业并无专门人员来做此项工作，会影响到业主的工期。

（11）物业费里不是含有垃圾清理费吗？怎么还要收取装修垃圾清运费？

答：物业管理费里含的是生活垃圾的相关费用，而这里的垃圾清运费是指的建筑装修垃圾。装修垃圾要由清运许可证环卫部门负责清理，所以收取一定的费用。

（12）屋顶是否可以安装太阳能热水器？

答：可以，但必须经物业批准，按统一规定进行安装，并交押金。

（13）防盗网能装吗？怎么安装？

答：单个的防盗网是不能安装的，小区安防配置齐全，客观上没有必要安装防盗网。如果您坚持要装，要求装隐形的。

（14）设施设备是怎么维护的？

答：物业管理处根据小区的具体设施设备的情况，每年年初制定详细的设施设备维修养护计划，并严格按照计划对设备进行保修，以保证其正常运转、延长使用周期。

（15）对小区进出的人员、车辆、物品是怎样控制的？

答：①对业主：确定身份后即放行进入小区；不能确定的，再审核；②对装修等施工人员：持有效出入证（证件）方可进入小区；③对外来人员：经过核实身份后，方可进入小区；④对业主车辆（已买车位、已租车位）：刷卡，登记进入小区；出小区核实业主身份、车辆资料，符合方可出小区；⑤对其他车辆：进入时发放临时卡，登记，车主签字确认后可进入小区；出小区凭临时卡和进入时的登记，符合方可出小区。

## 8.2 投诉处理

### 8.2.1 处理业主投诉的重要性

需要了解一下什么是业主投诉，业主投诉并不是凭空产生的，它来源于业主对于开发商所提供服务的不满，即业主实际体验与业主期望的巨大差距。

业主满意 = 业主体验 - 业主期望

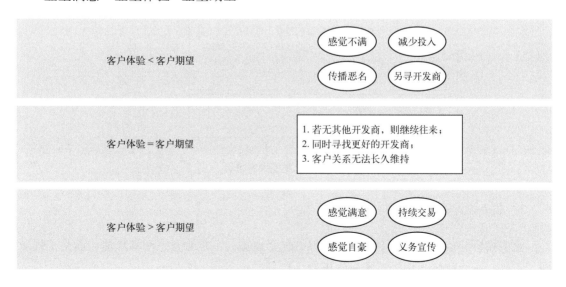

图 8.2-1　业主体验与业主期望

了解业主的实际期望是极其重要的，但是，正如没有完美的人，也没有完美的企业一样，再谨慎的企业也可能生产出引起顾客抱怨的产品。然而，顾客的抱怨并不必然意味着公司信誉的倒塌，相反，企业如果能够正视顾客的抱怨，快速解决顾客的投诉，对于企业信誉有着莫大的帮助。

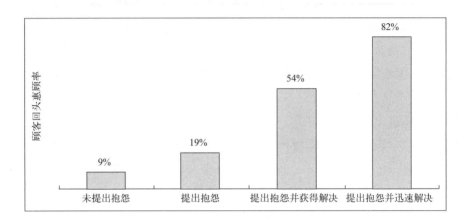

图 8.2-2　快速解决业主投诉的重要性

快速、有效地处理业主投诉不但能够帮助企业营销其产品，还能增强企业的实际控制力，很多企业的核心竞争力就在于其完美的售后体系。

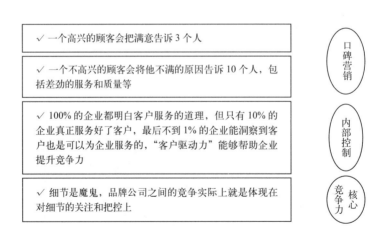

图 8.2-3　重视顾客投诉

### 8.2.2　业主投诉的主要原因

业主投诉的最主要原因不是没有足够的配套设施，不是服务态度不热情，而是工程质量。因为，业主购买的房屋是终身使用的，质量不符合业主的预期在很大程度上会让业主感到不满，进而导致业主投诉率居高不下，严重的情况甚至还会发生聚众闹事等事件。

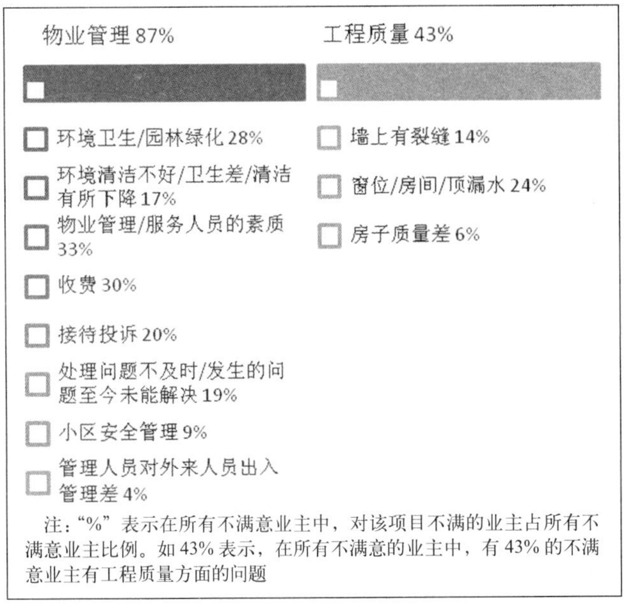

物业管理87%　　　　　工程质量43%

- 环境卫生/园林绿化28%
- 环境清洁不好/卫生差/清洁有所下降17%
- 物业管理/服务人员的素质33%
- 收费30%
- 接待投诉20%
- 处理问题不及时/发生的问题至今未能解决19%
- 小区安全管理9%
- 管理人员对外来人员出入管理差4%

- 墙上有裂缝14%
- 窗位/房间/顶漏水24%
- 房子质量差6%

注:"%"表示在所有不满意业主中,对该项目不满的业主占所有不满意业主比例。如43%表示,在所有不满意的业主中,有43%的不满意业主有工程质量方面的问题

图8.2-4　工程质量对于业主维持的重要性(购房前后磨合期业主印象变坏原因)

但是,好的工程质量并不意味着企业一定给业主留下完美的印象,相反,业主认为工程质量是企业的基本责任,事实确实如此。从图8.2-4可以发现,在购房前后磨合期业主对公司印象变坏的原因中,工程质量不仅榜上有名,而且43%的不满意客户都会有工程原因。而从图8.2-5可以发现,在购房前后磨合期业主对公司印象变好的原因中没有工程质量因素。

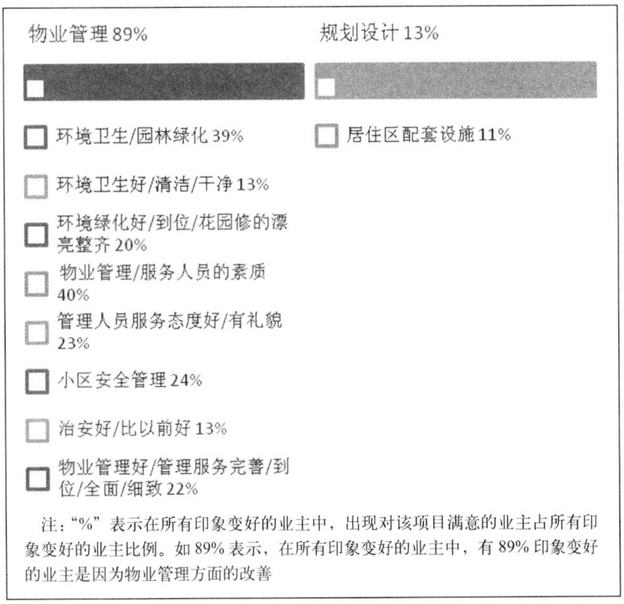

物业管理89%　　　　　规划设计13%

- 环境卫生/园林绿化39%
- 环境卫生好/清洁/干净13%
- 环境绿化好/到位/花园修的漂亮整齐20%
- 物业管理/服务人员的素质40%
- 管理人员服务态度好/有礼貌23%
- 小区安全管理24%
- 治安好/比以前好13%
- 物业管理好/管理服务完善/到位/全面/细致22%

- 居住区配套设施11%

注:"%"表示在所有印象变好的业主中,出现对该项目满意的业主占所有印象变好的业主比例。如89%表示,在所有印象变好的业主中,有89%印象变好的业主是因为物业管理方面的改善

图8.2-5　怎么给业主留下好印象(购房前后磨合期业主印象变好原因)

### 8.2.3 如何处理业主投诉

**1. 了解投诉心态**

图 8.2-6　投诉心态分类

业主投诉不外乎源于如下心理：求尊重的心理（如：交付质疑）；求补偿的心理（如：房屋修复后的赔偿）；求发泄的心理（如：邻居装修影响生活）；逃避责任的心理（如：装修不当打破水管，寻求赔偿）；个人敌视心理（如：骂企业寻求个人成就）。

**2. 了解投诉类型**

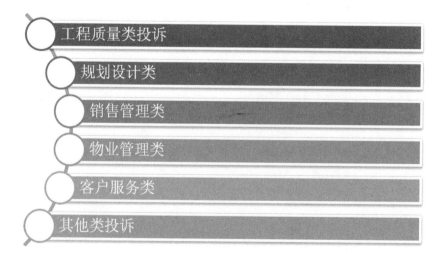

图 8.2-7　投诉种类分类

### 3. 了解各类型投诉所占比重

从图 8.2-8 中可以看出，各类投诉中，工程质量问题高居榜首，其次是规划设计问题。

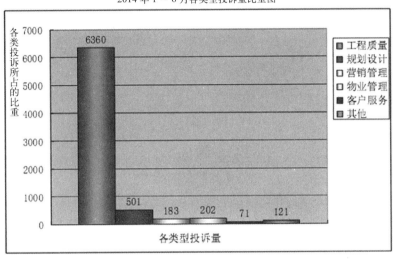

图 8.2-8　各种投诉所占比重图

### 4. 处理顾客投诉的原则

（1）立即反应，态度有礼；

（2）不可发生冲突；

（3）注重以理处理；

（4）注意语言技巧；

（5）不可归责公司；

（6）超出范围，立刻报告。

## 8.2.4　投诉处理"2+7"

投诉处理"2+7"是指投诉处理的 2 个阶段和 7 个步骤。2 个阶段是指关注产品投诉和处理，投诉处理的专业化和体系化（图 8.2-9），而 7 个步骤则是指投诉处理的具体流程（图 8.2-10）。

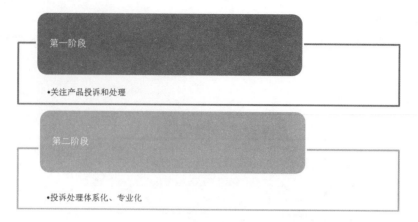

第一阶段

•关注产品投诉和处理

第二阶段

•投诉处理体系化、专业化

图 8.2-9　投诉处理两阶段

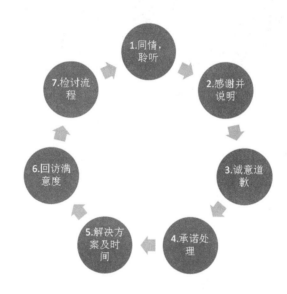

图 8.2-10　投诉处理七步骤

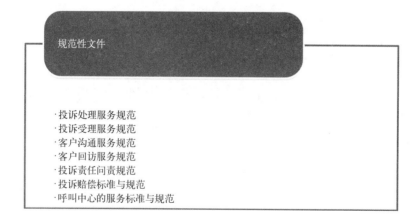

规范性文件

·投诉处理服务规范
·投诉受理服务规范
·客户沟通服务规范
·客户回访服务规范
·投诉责任问责规范
·投诉赔偿标准与规范
·呼叫中心的服务标准与规范

图 8.2-11　投诉处理需要的服务规范性文件

## 8.3 危机处理

### 8.3.1 危机事件

实际交房过程中，由于延期交房违约、销售承诺与交付现场不符、销售合同约定与交付现场不符、工程整改投诉问题处理不及时等原因，偶尔会产生集体上访，并引发如图 8.3-1 所示的过激行为，形成危机事件。

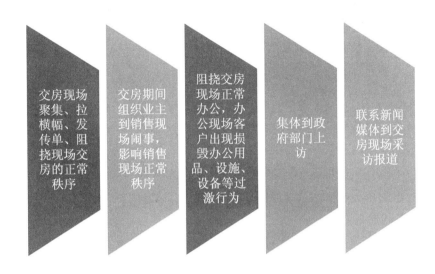

图 8.3-1　危机事件行为

### 8.3.2 危机事件处理的基本流程

图 8.3-2　危机事件处理的基本流程

危机事件应对，首先是应积极做好预防准备工作：

（1）外联部具体负责，物业项目部在交房前完成与项目所在地辖区派出所、街道办事处、城管等相关政府部门的沟通工作，争取对交房工作的配合支持。

（2）市场营销部在交房前完成市内各大主流平面及电台、网络（业主论坛、QQ群）等媒体的沟通，避免相关负面信息传播，影响公司声誉及新项目销售。

（3）法务部联系外聘律师先期介入该项目交房相关业主投诉预案准备，并对现场交房人员进行详细的培训，规范交房现场使用合同文本、协议，规避后期风险。

建立完善的响应机制：一旦问题不可避免，则要求各部门经验丰富、对此项目前期情况比较了解的人员进行处理，如营销部经理、本项目销售接待主管、业主服务中心主管及相关人员、物业管理处主任等。按区域划分安保人员，确保当天秩序井然，落实安全生产责任制，积极执行各项安全措施。在交房活动当天，针对人流量增大的情况，要特别成立安保小组巡查小区内的各类安全工作，查苗头、抓隐患、促整改，确保活动当天顺利进行。

### 8.3.3 群诉群访事件

（1）现场保安人员通知安保部负责人，启动应急安保程序，保安部经理第一时间赴现场。评估事发状态后立即电话向公司请示处理意见。

（2）对交房现场事发区域进行严密监控、安排专人进行摄像记录，同时有预见地增派必要人员，监控室随时准备报警。

（3）等待辖区民警到场，安保人员维持现场秩序。

（4）由项目客服主管先与业主沟通，引导业主选出 3 ~ 5 人业主代表，汇总投诉问题，确定谈判地点、时间、参加人员。

①业主代表身份确认：辖区派出所工作人员从中协调，客服人员现场与牵头的业主代表进行沟通，说明本次上访的目的，出示相关业主委托书材料。

②向业主代表明确，制定谈判条件（停止其他业主的过激行为、停止拉条幅、喊口号、悬挂图片等行为，谈判中不能人身攻击，不能采取威胁、强迫、武力等手段，否则谈判停止）。

③明确本次谈判的相关事项，公司确定参加沟通会的人员名单、时间、地点，共同引导业主通过座谈协商方式解决相关问题；谈判的区域尽量避开交房现场。

④谈判人员确定：原则上按照"主管、经理、总监"分级与业主进行沟通。

（5）协调会现场由专人发言与业主沟通，现场进行全程摄像和记录，详细记录业主投诉事项，达成会议纪要，明确会议事项协商，由公司法务确认后，请业主代表签字确认。同时确定后续就有关问题对接的相关业主代表。

（6）相关会议纪要确定的事项转给计划、人事部门备案，纳入工作考核，待办事项以工作计划形式下发公司相关责任部门。

（7）客服部跟踪会议纪要的相关事项完成进度，及时回复处理情况，与业主代表保持持续沟通，坚持做好相关回访记录，必要时进行现场公示。

### 8.3.4 媒体采访报道

遇有媒体的危机事件采访报道应做好以下工作：

（1）在交房前做好和新闻媒体的沟通预热。

（2）发现新闻媒体到场，现场客服经理需第一时间与公司市场营销部取得联系进行媒介协调。

（3）主动接待新闻采访人员，引导到固定地点，降低新闻负面影响。

（4）向媒体人员说明暂未接到公司授权，明确表示不能接受媒体的采访，对相关人员接待过程应该做到有理有节。

### 8.3.5 业主滋事

针对业主现场恶意滋事，发生打架、闹事、伤亡或重大纠纷等事件，按以下流程处理：

（1）在岗安保人员通知主管，并请示启动应急程序，立即报警。

（2）所有巡逻人员（除车场、出口等不可离岗队员外）停止原巡逻计划，第一时间赶赴现场、维持秩序。

（3）对事发区域进行严密监控，专人进行摄像和记录。

（4）两名以上队员把守交房区入口，两名以上队员把守财务区域通道，严防主门禁系统在警方到来前失守后闯入人员对敏感区域的冲击。

（5）急救事件中财产或人员受到损害，应拍照、保护现场，并留下目击者、挡下肇事者，配合警方到好详细调查以明确责任和落实赔偿。

（6）事件中如有人员受伤要及时组织抢救，并尽快送往医院。

（7）对监控区域的监控录像进行保存。

（8）安保部门负责人与滋事主要负责人一同到派出所，协助事情的处理。

# 其他准备篇

## 9  交房所需材料

### 9.1  政府证照

销售房屋的先决条件是必须取得政府合法的证照才可以开工销售，获得政府的允许，按国家标准规定建造房屋，好比大厦的根基必须牢固一样。

买房子是百姓安居乐业的头等大事，都需要办理哪些交接房屋手续呢？以下一一列举：

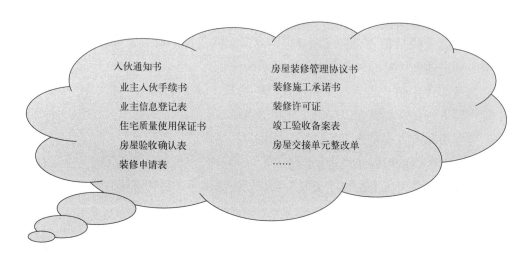

| 入伙通知书 | 房屋装修管理协议书 |
| 业主入伙手续书 | 装修施工承诺书 |
| 业主信息登记表 | 装修许可证 |
| 住宅质量使用保证书 | 竣工验收备案表 |
| 房屋验收确认表 | 房屋交接单元整改单 |
| 装修申请表 | …… |

图 9.1  交房所需材料

在房屋交付文件准备工作中，最重要的是记住"三书一证一表一报告"。

三书是指《住宅质量保证书》《住宅使用说明书》《建筑工程质量认定书》。一证是指《房地产开发建设项目竣工综合验收合格证》，一表是指《竣工验收备案表》，一报告是指《房屋土地测绘技术报告书》。

| 所需政府证照 | 表 9.1 |
| --- | --- |

| 名称 | 具体内容 |
| --- | --- |
| 《住宅质量保证书》 | 是指住宅出售单位在交付住宅时提供给用户的，告知住宅安全、合理、方便使用及相关事项的文本 |
| 《住宅使用说明书》 | 指载明房屋平面布局、结构、附属设备、配套设施、详细的结构图（注明承重结构的位置）和不能占有、损坏、移装的住宅共有部位、共用设备以及住宅使用规定和禁止行为的文本 |
| 《建筑工程质量认定书》 | 当房地产开发项目竣工后，房地产开发企业应当向主管部门提出综合验收申请，主管部门应当在收到申请后一个月内组织有关部门进行综合验收。综合验收不合格的，不准交付使用。验收合格的，质检部门应出具《建筑工程质量认定书》 |
| 《房地产开发建设项目竣工综合验收合格证》 | 指房地产开发项目竣工后，经过地方质检部门验收后开具的合格证 |
| 《竣工验收备案表》 | 是指建设单位在建设工程竣工验收后，将建设工程竣工验收报告和规划、公安消防、环保等部门出具的认可文件或者准许使用文件 |
| 房屋土地测绘技术报告书 | 根据国家及有关技术规范，对商品房建筑面积、共有共用建筑面积、分户面积进行测绘的报告 |

在工作人员核验业主材料后，业主领取《竣工验收备案表》、《房屋土地测绘技术报告书》、《住宅质量保证书》和《住宅使用说明书》并由开发商加以说明。缴纳剩余房款，业主领取钥匙并签署《住宅钥匙收到书》。开发商与业主协商并达成书面协议，根据协议内容解决交房中存在的问题；无法在 15 日内解决的，双方应当就解决方案及期限达成书面协议，业主签署《入住交接单》。

## 9.2　入伙文件

除了根据法律必须准备的政府执照外，交房时通常还需要准备以下这些文件。

### 9.2.1　交房验收单

| 交房验收单（示例） | 表 9.2-1 |
| --- | --- |

验收房号：　　单元　　幢　　号　　　　　　　　　　　　　日期：　　年　　月　　日

| 业主姓名 | | 联系电话 | |
| --- | --- | --- | --- |
| 验收内容 | | | |
| 地面 | | | |
| 内门 | | | |
| 外墙 | | | |
| 顶棚 | | | |
| 窗 | | | |
| 厨房 | | | |
| 分户门 | | | |

续表

| | |
|---|---|
| 内墙 | |
| 卫生间 | |
| 上下水管道 | |
| 开关、插座 | |
| 其他验收部位 | |
| | |
| | |
| | |
| 水表抄见数： | 电表抄见数： 气表抄见数： |
| 业主验收签字 | 工作人员签字 |
| 整修内容：<br>整修完工时间： | |
| 业主验收签字 | 工作人员签字 |

### 9.2.2　商品房交接单

商品房交接单（示例） 表 9.2-2

尊敬的业主：

欢迎您前来办理房屋查验和入住手续，请您按照以下顺序办理相关房屋查验和入住手续。

项目名称：____房号：____栋：____单元号：____

业主姓名：_____　身份证号码：_____　联系电话：_____

业主代理人姓名：_____　身份证号码：_____　联系电话：_____

通知书约定入住日期：×××年××月××日之前

### 9.2.3　装饰装修管理办法

房地产交接后，业主需要进行装修，物业公司为了广大业主的利益不受侵犯，同时不影响其他户主的合法权利，需要与业主签订装饰装修管理条约。

××小区装饰装修管理规定

为保护本小区所有业主的合法权益，保证住宅的结构安全和外观统一，有效地制止各种违章行为，根据住房和城乡建设部《住宅室内装饰装修管理办法》及《城市房屋装饰装修管理条例》，特制定本规定。敬请各住户及装修单位认真阅读并遵守本规定。

## 一、装修项目及要求

业主装修如有涉及结构问题的，需提出改动方案及图纸，经物业公司管理处审核同意后方可进行。

1. 室内结构主体

（1）严禁在承重墙体、楼板、地面、梁柱上开洞，大面积剔凿；不得改变房屋结构、外貌以及公共设施，不得改变房屋及配套设施的使用功能。

（2）允许对住宅楼地面、内墙面、天棚进行表面装修。楼面不得凿除原水泥找平层，不得破坏防水层。一层地面剔凿找平层超过 10mm 者，必须重新做防潮层，二层以上（含二层）楼面装修石材不得超过 25mm，且静荷载应小于 $40kN/m^2$。不得在室内砌厚度超过 24mm 的墙，墙面装饰不得使用石材。

（3）不得改变卫生间、厨房的使用功能，不得改变上下水管道、接口。因安装洁具时可能造成卫生间原有防水层被破坏，因此在装修进场之前，必须由施工队做 24 小时闭水试验，待业主、装修单位、物业管理处三方检查确认后才可进入下道工序施工。在装修过程中厨房、卫生间、阳台必须做二次防水，以确保房屋装饰质量。装修全部完毕后如产生渗漏由业主方负责。

（4）不准改变户门形状和开启方向及颜色材质，进户门外不允许加装门。

（5）为保证房屋装修质量，业主应要求装修队在装修前对室内原始的墙面、顶面进行基层清理，水电设施仔细检查，如因装修队未清理而直接进行装修施工所产生的后期装修质量问题，应由业主及装修队自行解决。

2. 水电

（1）每户用电总负荷：别墅 15A（25kW），请业主合理安排用电设备。

（2）室内电源线路、插座、灯位的布置已按使用要求合理设计，如业主装修过程中需增加或改变原线路及位置，不得剔凿室内墙面、顶面，如因剔凿造成的室内墙面、顶面抹灰找平层开裂、空鼓、脱落及导致结构损坏，所产生的一切后果，业主及装修队自行负责。

（3）室内电视天线及面板已根据使用要求设计、安装到位。业主如需改动天线位置或更换面板，请务必通知物业管理处客户（管家）服务中心给予技术支持，严禁擅自改动。如因擅自改动致使其他住户家的电视信号受影响，改动方应无条件予以复位，且由此造成的一切拆改，复位费用由改动方全部承担。

（4）不得擅自改动水电设施（如水、电表等），由此引起的后果由业主自负。

3. 燃气

为保证用气安全，装修队或业主严禁拆改燃气管道及燃气设施，不得私自加装燃气热水器，燃气管线严禁暗装，燃气表具不得封闭，要确保通风良好。

4. 室外、阳台、露台、门窗、屋顶

（1）室外的公共部分及所有外墙外立面，不得随意改动，户门外部位不准封闭，不得有破坏外立面整体美观的剔凿、涂刷、镶贴、加装、改变形状尺寸、安装广告牌等其他行为。

（2）允许在窗户外侧平贴安装隐形防盗网，封闭阳台必须经审批后按物业管理处确定的统一规格、部位、款式、颜色、材料安装。

（3）不准封闭、封堵楼道。不准封闭、改变室外公共部位及公共设施。

（4）不得扩大或缩小原有门窗尺寸，不得改变户门、窗材质、颜色，不得另建门窗或封闭门窗。

（5）空调应安装在物业管理处指定的位置，固定架必须牢固，并使用不锈钢架及防锈螺栓，否则由此所产生的外墙污染，由该业主负责清洁或复原。机底须加装引水胶管，将滴水引入本户排水管。不准安装窗式空调。

（6）不准在阳台上加装用水管线及用水设备，不准将生活污水排入雨水管内。

**二、施工过程管理**

1. 装修材料进场和装修垃圾清运

（1）不得将装修材料堆于户外任何地方及楼道内。装修废料必须袋装化，并按指定地点堆放，由物业管理处安排清运。

（2）砂子、石子等散性材料必须在小区外先装袋，才可以进入小区，否则公共秩序维护员将不予以放行。

（3）严禁向窗外、阳台外或在楼梯、过道、天台等公共场所堆放、抛散装修垃圾。严禁将垃圾、水泥浆、油漆、涂料等胶结性建筑材料流入管道及地漏，一经发现将予以处罚，如引起下水道堵塞，全部损失由业主或装修队承担。

（4）超重、超长材料以及危险物品未经物业管理处同意不得使用电梯运送。

2. 装修人员出入

（1）装修施工人员进出物业小区必须佩带临时出入证，物业管理处装修管理工作人员及公共秩序维护员有权检查、抽查装修人员的出入证和身份证，无效证件将被没收，施工人员不得拒绝接受检查。无出入证不准进入小区。

（2）携物出小区必须到物业管理处客户（管家）服务中心开具《携物出门条》。携物出小区时间只允许在上午9：00到下午5：30之间，其余时间不得携物出小区，装修队要注意安排。

（3）装修人员不准在小区及楼道内闲逛，不准在其他楼层侵扰其他业主。小区内禁止一切非法活动。装修人员需过夜留守的应在办理装修申请时提出，经物业管理处同意后方可留宿。留宿的施工人员在晚上8：00至次日早6：30时间段内不得在小区公共场所内活动。

（4）装修施工人员要严格遵守《施工人员行为规范》，如违反管理规定将给予处罚。

3. 装修责任

（1）施工期间，物业管理处配合业主对装修队的安全施工、卫生保持等情况进行监督和管理，对各种违章行为有权进行纠正和处罚。

（2）施工用电不能超过该用户的用电负荷或物业管理处临时对施工队提供的用电负荷，不得擅自搭接公用水、电。

（3）装修用电要采用适当的插头，严禁用电线直接插在插座或漏电开关上。严禁用电炉做饭或取暖，如有违反，由施工人员承担一切后果及法律责任。

（4）装修施工人员在装修工程中如因用电不当而造成线路毁坏或触电，以及其他事故，由装修施工队自行负责，物业管理处不承担任何责任。

（5）装修施工人员不准拆卸、破坏、污染各种公共设施及装饰，必须保持公共场所包括楼梯、楼道墙壁的清洁。若同单元内有两户以上同时装修，造成楼道损坏、污染，而不能分清责任的，各装修住户要共同负责修缮或赔偿。

（6）业主在安装卫生洁具前，一定要先查验地漏，下水是否通畅，是否有装修垃圾进入，否则造成的后果由业主自行负责。

（7）装修施工队在装修卫生间前必须重新做防水，经过24小时闭水试验无渗漏后再进行装修，装修完毕再次做闭水试验，确保无渗漏。如果发生渗漏现象由装修队或业主赔偿相邻业主全部损失并负责修复。

（8）因装修队影响毗邻业主正常生活而发生矛盾时，应由装修业主主动与相关人员协商解决，如矛盾激化，影响管理秩序，物业管理处可根据双方协议责令该业主停工，直至矛盾解决后方可复工。

（9）如业主提出有违反《住宅室内装饰装修管理服务协议》和《装饰装修管理规定》的装修要求，装修队有权拒绝施工，与业主协商方案，否则一切责任与后果由装修队承担。

（10）在物业小区进行装修业务的施工队必须保证其工人的劳动安全。不得有违反劳动安全条例的现象发生。如发生安全事故一切责任由装修队负全部责任。

4.备案检查

（1）装修完毕后，业主及装修队应及时通知物业管理处对相关的公共场所进行查验，经有关人员检查签验后，退还出入证，并办理相关手续。

（2）备案检查合格并经3个月使用后，如未发生渗漏等对业主生活造成影响的工程质量问题，没有违反《住宅室内装饰装修管理服务协议》和《装饰装修管理规定》的现象，没有对他人财产或公共场地、设施、设备等造成损害的，物业管理处将无息退还全部装修押金。

（3）在装修施工中有违反装饰装修规定之行为的，物业管理处有权进行处罚，罚款采取当即处罚或从装修押金中予以扣除，不足部分由装修队、业主另行支付。

三、违约处理

（1）装修队在装修过程中，如出现乱堆、乱倒垃圾，不按时间施工，未经同意在公共部位施工等现象，由物业管理处进行违约扣款处理。

（2）如在装修施工过程中引起下水道堵塞、打穿楼板、打断电线、渗漏水、损坏公用设备设施等，由装修队或业主承担全部损失并负责修复。

（3）如装修队在装饰装修过程中造成人身伤亡事故，由装修队自行负责。

（4）如装修队打架斗殴，酗酒闹事，由公共秩序维护员处理，情节严重者送公安部门处理。

**四、管理权限**

1. 业主、住户装饰装修管理由本物业管理处全权负责。

2. 业主、住户要求改动房内水、电管线走向的，须经物业管理处工程人员现场查看、经理同意后方能施工。

3. 业主、住户要求封闭阳台的，须经物业管理处同意方能进行施工。

4. 特殊情况需要在户内开窗或开洞的，须经物业管理处工程部与装修专干确认，报管理处经理审核批准。

5. 装修队违反本规定不听从物业管理处的劝阻和安排，物业管理处有权责令其停止装修行为，必要时可以采取断水、停电或收回临时出入证，将施工人员清出本辖区。

## 9.2.4 工程质量保修协议

### 工程质量保修协议

发包人（全称):_____

承包人（全称):_____

发包人、承包人根据《中华人民共和国建筑法》、《建设工程质量管理条例》和《房屋建筑工程质量保修办法》，经协商一致，对_____（工程全称）签订工程质量保修书。

**一、工程质量保修范围和内容**

承包人在质量保修期内，按照有关法律、法规、规章的管理规定和双方约定，承担本工程质量保修责任。

质量保修范围包括地基基础工程、主体结构工程，屋面防水工程、有防水要求的卫生间、房间和外墙面的防渗漏，供热与供冷系统，电气管线、给排水管道设备安装和装修工程，以及双方约定的其他项目。具体保修的内容，双方约定如下:_____。

**二、质量保修期**

双方根据《建设工程质量管理条例》及有关规定，约定本工程的质量保修期如下:

1. 地基基础工程和主体结构工程为设计文件规定的该工程合理使用年限;

2. 屋面防水工程、有防水要求的卫生间、房间和外墙面的防渗漏为_____年;

3. 装修工程为_____年;

4.电气管线、给排水管道、设备安装工程为_____年；

5.供热与供冷系统为_____个采暖期、供冷期；

6.住宅小区内的给排水设施、道路等配套工程为_____年；

7.其他项目保修期限约定如下：_____。

质量保修期自工程竣工验收合格之日起计算。

**三、质量保修责任**

1.属于保修范围、内容的项目，承包人应当在接到保修通知之日起7天内派人保修。承包人不在约定期限内派人保修的，发包人可以委托他人修理。

2.发生紧急抢修事故的，承包人在接到事故通知后，应当立即到达事故现场抢修。

3.对于涉及结构安全的质量问题，应当按照《房屋建筑工程质量保修办法》的规定，立即向当地建设行政主管部门报告，采取安全防范措施；由原设计单位或者具有相应资质等级的设计单位提出保修方案，承包人实施保修。

4.质量保修完成后，由发包人组织验收。

**四、保修费用**

保修费用由造成质量缺陷的责任方承担。

**五、其他**

双方约定的其他工程质量保修事项：_____。

本工程质量保修书，由施工合同发包人、承包人双方在竣工验收前共同签署，作为施工合同附件其有效期限至保修期满。

发包人（公章）：              承包人（公章）：

法定代表人（签字）：        法定代表人（签字）：

××××年××月××日

## 9.3 物料准备

在交房过程中，需要准备如表9.3所示物料。

资料清单示例        表9.3

| 物品名称 | 数量（个） | 提供部门 | 备注 |
| --- | --- | --- | --- |
| 资料盒 | 1 | 营销部 | |
| 资料袋 | 1 | 营销部 | 本项目销售用手提袋 |
| 钥匙盒（链） | 1 | 营销部 | |
| 新建商品房屋质量保证书及新建商品房屋使用说明书 | 2 | 营销部 | |

续表

| 物品名称 | 数量（个） | 提供部门 | 备注 |
|---|---|---|---|
| 业主手册 | 1 | 物业部 | 营销设计，物业制作 |
| 入户门钥匙 | 6 | 工程部 | |
| 信报箱钥匙 | 2 | 工程部 | |
| 车库门遥控器 | 1~2 | 工程部 | 视项目有无 |
| 中央空调及温控器使用说明书 | 1 | 工程部 | 视项目有无 |
| 空调风机盘管机组安装操作与维护手册 | 1 | 工程部 | 视项目有无 |
| 中央吸尘系统配件、说明书及保修卡 | 各1 | 工程部 | 视项目有无 |
| 直饮水使用须知 | 1 | 工程部 | 视项目有无 |
| 热水器使用说明书 | 1 | 工程部 | 视项目、户型有不同 |
| 车库门使用说明书 | 1 | 工程部 | 视项目有无 |
| 智能水表使用说明书 | 1 | 工程部 | |
| 智能燃气计量表使用说明 | 1 | 工程部 | |
| 塑钢门窗说明 | 1 | 工程部 | 视项目有不同 |
| 安防使用说明书 | 1 | 工程部 | 项目不同有不同 |
| 游泳池循环水设备说明书（视项目有无） | 1 | 工程部 | 视项目有无、业主有无选配 |
| 住户卡 | 5 | 物业部 | 营销设计，物业制作 |
| 天然气用户使用证和气费缴费卡 | 各1 | 工程部 | |
| 自来水用户使用证和水费缴费卡 | 各1 | 工程部 | |
| 电费缴费咨询卡 | 1 | 工程部 | |
| 紧急报警按钮（及钥匙） | 1 | 工程部 | |
| 家用可燃气体泄漏报警器（及说明书） | 各1 | 工程部 | 视项目有无 |
| 电视信号分配器 | 1 | 工程部 | |
| 车管系统 | 1 | 工程部 | |
| 交房附图 | 1 | 工程部 | 质保书准备的要件；重要瓶颈 |
| 备案证复印件 | 1 | 工程部 | 质保书准备的要件；重要瓶颈 |

此外，工程部需要准备备案所需准备的各项资料，按照表9.3责成相关供货商提供各项配置的相关说明文件，最迟在交房前3天准备完毕并移交物业。责成相关施工单位提供项目的竣工图纸（书面版本和电子版本各一份）并移交物业。

物料准备注意事项：

（1）凡交到业主手上的资料必须经过包装。

（2）《业主手册》、住户卡等资料由营销部推广组牵头平面设计。

（3）媒体告知方案、交房现场包装方案、交房流程提示、室内安全及灌水实验提示语方案、欢迎入住提示语方案、礼品赠送方案等。

（4）营销部经理、推广组主管、总牵头人参与方案细节讨论。

（5）最迟交房前2天所有物品准备到位。

# 10　交付风险检查

## 10.1　风险自检

交房经常遇到的风险有四种：法律风险、资金风险、维修风险、相关资料风险。如图10.1所示。

法律风险
拒绝收楼
1. 条件：房屋质量；交楼文件；与合同不符；
2. 方法：拒绝收楼函；
3. 后果：责任；违约金；
4. 答疑：不能提供合同要求的交付文件；房屋安全鉴定为危房；
5. 防范措施：交楼流程；陪验；签收

资金风险
管理费
1. 延迟交楼违约金：根据购房合同标准；
2. 其他赔偿金：补偿房屋租金；
3. 其他收楼费用：水电费周转金、可视对讲设备费、有线电视初装费、管道煤气初装费、物业管理费、维修基金

维修风险
1. 现场快修：避免治标不治本，敷衍了事；
2. 维修：不能及时到位，影响到业主满意度；
3. 保修：保修服务质量是后期业主满意度变化的主要因素，"6+2"作法的落实程度对入住后业主满意度起很大的影响

相关资料风险
1. 合同交付标准对照内容：材料品牌、颜色；工艺做法；设备品牌型号；各部件数量等；
2. 合同一户一图对照内容：公共设施如消防栓等；门窗位置；平面结构图；
3. 样板间对照内容：平面结构、材料质量及工艺做法及施工质量；
4. 宣传册对照内容：宣传语是否有误导；配套；户型结构平面图；
5. 设计及规划变更核查及风险评估内容：室内结构；小区规划；
6. 交付文件：两书一表内容：《房屋使用说明书》《房屋质量保证书》《竣工验收备案表》

图 10.1　交房常见风险

一般而言，交房前开发商要对如下风险对象进行检查：

（1）合同、法规类：检查各项交付证明文件以及单项验收文件的办理情况。

（2）设计变更类：核对设计部门变更内容，检查变更落实，是否存在遗漏情况。

（3）销售承诺类（含业主提出的变更）：核对所有销售承诺的实现情况，包括但是不限于销售资料、报广；样板房。

（4）合同附件风险：包括但不限于合同附件的装修交楼标准、户型平面图。

（5）安全文明类风险：现场安全性及清洁卫生。

（6）设计缺陷类风险：影响业主使用及观感质量的。

（7）工程质量类：检查房屋和公共部位的观感和细部质量。

针对以下情况做好应急预案：

（1）业主悬挂条幅。

（2）业主围堵售楼中心，影响正常的销售工作。

（3）业主聚集冲击售楼中心，打砸公用设施及其应对措施。

（4）收楼现场发生肢体冲突及其应对措施。

（5）现场发现有媒体采访及其应对措施。

（6）业主扰乱收楼、促销活动，影响收楼及销售的正常进行及其应对措施。

（7）业主围堵公司办公楼。

---

**延伸阅读**

### 交付风险案例

1. 2011 年 2 月，40 户粤信广场业主要求办理房产证案，2011 年 7 月法院调解和判决实现业主诉讼目标，业主通过诉讼成功办理了开发商拖延 8 年未办的房产证，并退回了契税和维修基金。

2. 2010 年 10 月，106 户耀华国际业主延迟交楼索赔案，一审判决业主胜诉，二审大部分业主和解，开发商赔偿到业主收楼日打九折，总共赔偿金额 1600 余万元，其中一户购房 15 套，二审判决业主胜诉，截至 2011 年 10 月底获赔违约金 310 万元，并以每月 15 万元的金额递增。执行结果：一半业主已经领取了赔偿款，一半业主的赔偿款正在执行中。

3. 2010 年 9 月，星河绿洲业主张小姐起诉广州云星房地产集团有限公司要求支付延迟交楼违约金，一审和解，开发商赔偿 10 万元。执行结果：开发商支付了赔偿款。

4. 2010 年 12 月，德雅轩业主黄小姐要求支付延迟交楼违约金案，一审判决赔偿 128 万（业主总房款 194 万元），二审尚未判决。

5. 2010 年 6 月，5 户花季华庭业主起诉开发商要求支付延迟交楼违约金，一审判决业主胜诉，二审九折和解，业主各获赔 15 万～30 万元不等。

6. 2010年4月，41户金中大厦业主要求支付延迟交楼等违约金案，一审判决业主胜诉，二审38户和解，3户二审判决维持原判，每户赔偿4万～15万元不等。执行结果：2010年9月开发商自动支付了38户的和解款项，同年12月支付了3户的判决款项。

7. 2010年1月，5户华南御景园业主起诉广州龙昌房地产开发有限公司要求支付延迟交楼违约金案，一、二审判决业主胜诉，其中3户赔偿超过10多万元，其中一户至今未收楼，赔偿超过30万元。2011年4月，同批一户业主曾小姐委托我起诉该公司，一审判决业主胜诉，违约金截止到2011年11月达约34万元，仍在增加中，二审尚未判决。

8. 2009年12月，5户翔韵雅居业主起诉广州益鹏房地产开发有限公司要求支付延迟交楼违约金案，一、二审判决业主胜诉，开发商赔偿业主5万～25万元不等。执行结果：2011年2月，业主领取了赔偿款。

9. 2009年1月，41户文星阁业主要求延迟交楼赔偿案，一审判决业主胜诉，二审和解，按一审86折和解，每户赔偿4万～16万元不等。执行结果：2010年5月开发商自动支付了和解款项。

10. 2008年11月，19户骏景花园业主起诉广州合生骏景房地产开发有限公司，要求支付延迟交楼违约金。次年5月，代理该楼盘第二批50户业主同样的诉讼。上述案件一、二审均判决业主胜诉，每户获赔6万元左右。执行结果：开发商自动履行判决义务。

11. 2008年8月，8户珠江俊园业主起诉广东珠江投资股份有限公司延迟交楼案，一、二审判决该公司败诉，判决该公司按照总房款5%支付违约金给业主。执行结果：开发商自动履行了判决义务。

12. 2008年5月，中海景晖华庭业主詹先生起诉广州中海地产有限公司延迟交楼赔偿案，同年11月天河法院判决该公司赔偿13万元给业主，二审和解。执行结果：业主获得了赔偿款。

13. 2008年10月，21户东堤水岸业主起诉开发商广州捷城房地产开发有限公司支付延迟交楼案件，一、二审判决业主胜诉，总赔款近600万元，其中有1户赔偿达44万元。执行结果：业主查封了开发商7套房产，2011年6月业主领取了全部赔偿款。

14. 2008年11月，54户宏康东筑业主要求支付延迟交楼违约金案，一、二审判决业主胜诉，其中有10户赔偿金额超过10万余元（业主每户房款约40万～60万元）。执行结果：2009年10月，开发商自动支付了判决款项。

15. 2008年10月，星河湾业主陈生起诉广州宏富房地产开发有限公司要求支付延迟办证违约金案，一审判决该公司支付13万元给业主，开发商未上诉。执行结果：同年12月开发商自动履行了判决义务。

16. 2008年9月，100余户索丽元的业主要求支付延迟交楼违约金案，一审调解，大约打九折，每户赔偿约7万元（业主每户房款约40万～50万元）。执行结果：2009

年 5 月业主领取了赔偿款。

17. 2008 年 8 月，8 户龙津大厦业主起诉开发商支付延迟交楼违约金案，一审判决业主胜诉，二审和解，业主获赔违约金 5 万～12 万元不等。执行结果：开发商自动支付了赔偿款。

18. 2008 年 5 月、8 月，先后两批共 58 户华景新城陶然庭苑业主起诉广东华景房地产开发有限公司延迟交楼案，一、二审判决业主胜诉。执行结果：2009 年 10 月开发商自动履行了判决义务。

19. 2007 年 11 月，保利林语山庄业主鲁先生起诉广州科学城保利房地产有限公司延迟交楼案，一审判决业主败诉，二审改判业主胜诉。开发商支付了赔偿款。

20. 2007 年，153 户华景新城业主要求办理房产证、支付延迟办证违约金案，一、二审判决开发商为业主办理房产证，并支付违约金，每户约 1.5 万元。执行结果：2008 年，开发商为业主办理了房产证，并支付了违约金。

## 10.2　资料风险核查

资料风险是交房过程中最常遇到的风险之一，突出表现在业主购房合同、销售广告、宣传资料与实际房屋情况不一致而引发的纠纷上。

不仅是购房合同，商品房的销售广告和宣传资料、要约邀请也都是商品房开发商对规划范围内的房屋及相关设施所做的说明和允诺。该说明和允诺即使未载入商品房买卖合同，亦应当视为合同内容，当事人违反的，也应当承担违约责任。

图 10.2-1　虚假广告

#### 10.2.1 文件资料风险防范具体事项

（1）发生业主质疑虚假宣传情况时，管理公司需立即与开发商相关负责人通报，力求相关人员即时在现场与业主进行有效沟通，并在查核合同约定后，进一步给予业主明确的回复。如系业主误解，需耐心予以说明，将相关证明资料出示给业主查阅；如确实是开发商问题，应尽快在第一时间给予解决处理，以免引起业主的强烈不满。

图 10.2-2　虚假宣传风险防范

（2）销售宣传阶段项目公司对外发布的广告以及对外发布的宣传资料，所涉楼盘商品房的面积、层高、阳台、花园（如有）、土地使用年限、户型图纸、交付标准、交付时间、周边配套设施等内容，都应根据《国有土地使用证》、《商品房预售许可证》、经批准的报建图纸、楼盘开发的科学进度以及政府验收的程序和时间要求等来确定，切勿在广告或宣传资料中作不实或过于夸大的陈述，避免商品房卖出后因不能兑现承诺而引起业主的投诉或索赔，给今后的交楼工作造成负面影响。

（3）为明确公司对外发布的销售广告或宣传资料的性质，避免因对外发布的广告或宣传资料如发生内容不实或夸大给公司造成法律风险，在销售广告或宣传资料中在合适位置注明："本资料为要约邀请，买卖双方的权利义务以签订的《商品房买卖合同》为准"。为确保公司对外发出的销售广告或宣传资料按照前述要求进行标注，公司应在销售广告或宣传资料发出前将资料交由公司法务人员进行审核。

（4）公司的销售人员以及与销售有关需要接触业主的人员，在向业主介绍楼盘时，应按照公司的统一口径如实陈述，不能做不实或夸大宣传，更不能私下以公司名义出具书面的承诺给业主，避免给今后的交楼工作造成不利影响。

#### 10.2.2 《商品房买卖合同》签订风险防范

在与业主签订正式的《商品房买卖合同》前，公司应根据项目当地的法规要求及交易习惯拟订《商品房买卖合同》。公司拟订的《商品房买卖合同》范本，应注意以下事项：

**签订《商品房买卖合同》的注意事项**　　表 10.2

| 注意事项 | 是否避免 |
|---|---|
| 拟推盘商品房的基本情况（包括房号、面积、阳台、层高、土地使用年限等信息）应以项目当地房屋测绘部门出具的测绘报告、国土局颁发的《国有土地使用证》以及房管局颁发定的《商品房预售许可证》中记载的内容为准，避免今后交付的商品房与实际不符 | |
| 拟推盘商品房的交付标准应按照当地的法规要求、其他开发商的通常做法以及项目的营销定位情况确定，务必做到合法、准确、留有余地 | |
| 交楼条件应满足国家及地方法律法规的强制性要求。《建设工程竣工验收备案表》作为交楼条件。根据《建设工程质量管理条例》、《房屋建筑工程和市政基础设施工程竣工验收备案管理暂行办法》等要求 | |
| 拟推盘商品房的交付标准是毛坯还是装修需要根据项目的营销定位情况来确定，交付标准的内容要准确、完整、相对具体，但尽量不要写明品牌或生产厂家，确保一定的灵活性 | |
| 交楼时间应根据具备以上交楼条件和交楼标准所需的时间来确定，但时间上仍需留有一定的余地 | |
| 配套设施内容应根据已经批准的报建文件来确定 | |
| 关于交楼责任、退楼责任等法律条款，应尽量取消业主的退楼权利，违约金比例尽量低并在可控范围内 | |
| 合同中对送达方式应尽量明确，在不能送达时，应注明解决办法 | |

在与业主签订《商品房买卖合同》时，应严格按照：

（1）项目公司在与业主签订《商品房买卖合同》时，应认真填写商品房的基本情况、交楼时间、配套设施情况等内容，并准确粘贴《房屋平面图》、《交楼标准》等内容，切勿出错，避免今后出现货不对板的情况；

（2）如业主提出更改《商品房买卖合同》条款时，尽量避免修改，如若修改应报公司审批同意后执行。

## 10.3　第三方风险检查报告

为了有效应对交付风险，越来越多的企业选择第三方进行风险检查，以下是一份完整的风险检查报告示例，供参考。

### 第三方风险检查报告（示例）

**一、项目概况**

1. 计划交付范围：××项目一期一标段 A 区毛坯交付 77 户，别墅结构。

2. 计划交付时间：2011 年 12 月 1 日

**二、风险检查概况**

1. 检查内容：交付前房屋质量风险检查，以业主关心的室内房屋质量为主。

2. 抽查样本：12 月 1 日即将交付的批次毛坯房。一共抽查四户，毛坯房 203 房、1001 房、1004 房；装修样板房为 1203 房。

### 三、合同法规类风险

【检查内容】

合同法规类检测项目

| 检查项目 | | 预计获得时间 | 实际获得时间 |
|---|---|---|---|
| 合同要求文件 | 《竣工备案证》 | C4～C15栋9月10日 | A10～A12、B区、C1-C3已获得 |
| | 《房地产（住宅）质量保证书》 | 2007-09-2（印制） | |
| | 《房地产（住宅）使用说明书》 | 2007-09-2（印制） | |
| 中间类文件 | 规划验收证明 | — | 7月5日已获得 |
| | 主体工程验收证明 | 9月5日 | 已获得 |
| | 室内环境验收证明（检测报告） | — | 7月2日已获得 |
| | 供电达到使用条件的证明 | — | 无此项 |
| | 给水排水达到使用条件的证明 | — | 无此项 |
| | 消防验收证明 | — | 8月15日已获得 |
| | 人防验收证明 | — | 规划无要求 |
| | 电梯验收证明 | — | 无此项 |
| | 燃气验收证明 | — | 无此项 |
| | 档案验收证明 | C4～C15栋9月10日 | A10～A12、B区、C1～C3已获得 |
| | 竣工面积测丈报告 | 8月31日 | |

【评定意见】

1. 目前 C4～C15 栋的《竣工备案证》和 ABC 区《竣工面积测丈报告》还未获得；

2. A、B 区《住宅质量保证书》、《住宅使用说明书》已完成草稿；

3. C 区《住宅质量保证书》、《住宅使用说明书》还未完成草稿；

4. 正式水电已经接通。

【影响程度】影响入伙。

【风险指数】★★★★

### 四、销售承诺类风险

【风险现象】C4、C5、C6 入户花园无下沉式花园、地下室无窗户、地下室无室内去地下室楼梯，与销售户型手册不符。

【影响程度】已引起业主投诉。

【解决方案】

（1）业主方面：解释——地下室窗户、套内去地下室楼梯和下沉式花园设置布局因楼栋、楼层、单元和局部结构不同而不同，前期展示中的样板房是情景 HOUSE 中的一种户型，是装修示范单位并非所有户型和交楼标准。现场的销售手册仅为示意图，并非交付标准，最终以双方签订的买卖合同为准。

（2）公司层面：对于C4～C6栋地下室无任何采光、通风窗户情况下，从工程采光通风规范要求和业主关怀角度考虑：需要对此区域增加防火窗户（即同C7～C15栋地下室开窗做法）。

【风险指数】★★★★★

## 五、合同附件风险

1. 问题照片

 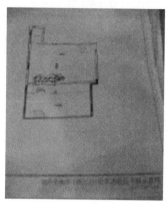

【现象及部位】C7～C15下沉花园楼梯下方及一楼花园结构板下方多出空间面积，一户一图未体现此空间。下沉花园进深加大，面积增大。

【影响程度】业主使用空间、面积增大，存在交付不符实风险小。

【处理建议】提前做好答疑统一口径。

【风险指数】★★★★

2. 问题照片

【现象及部位】现场花园无草坪、护栏、院门、入户门台阶石材、花园照明灯，与购

房合同附件装修交楼标准约定不一致。

【影响程度】造成业主后期装修增加相关费用，可能会造成业主不满甚至拒绝收楼。

【处理建议】建议按购房合同附件条款整改；如果不能在交付前整改到位，则必须提前准备应对预案或答疑话术以降低对交付的影响。

【风险指数】★★★★★

3. 问题照片

【现象及部位】现场厨房地面未做防水，与购房合同附件装修交楼标准约定不一致。

【影响程度】可能会造成业主不满甚至拒绝收楼。

【处理建议】建议按购房合同附件条款整改；如果不能在交付前整改到位则必须提前准备应对预案或答疑话术以降低对交付的影响。

【风险指数】★★★★★

### 六、安全文明类风险

1. 问题照片

【现象及部位】电梯井口、地下室通风口、二楼中空平台及楼梯口无安全防护。

【影响程度】有严重的安全隐患，容易造成重大安全事故。

【处理建议】建议即时协调施工主采取临时安全防护措施。

【风险指数】★★★★★

2. 问题照片

【现象及部位】别墅内有遗留粪便未清理。

【影响程度】严重影响业主收楼体验，可能成为业主拒绝收楼的诱因。

【处理建议】建议全面清洁，以"提高业主收楼体验"为目的进行毛坯别墅开荒清洁。

【风险指数】★★★★★

3. 问题照片

【现象及部位】各工种交叉污染

【影响程度】影响观感质量，造成交付业主因为体验较差而拒绝收楼。

【处理建议】在交付前彻底进行开荒清洁处理。

【风险指数】★★★★

### 七、设计缺陷类风险

1. 问题照片

【现象及部位】样板间 5-2-203，橱柜与右边油烟机位凸出位置冲突，导致左边柜门不能完全开启。

【影响程度】将给业主以后使用过程造成不便。

【处理建议】完全封闭固定左边柜门，否则在正式交付前想好预案及话术。

【风险指数】★★★★★

2. 问题照片

【现象及部位】洗手间内仅有一条排水管（排污及排水合用一根管）；沉箱未设计二次排水。

【影响程度】影响正常使用，存在群拆风险。

【处理建议】设计单位、总包方及项目部协商设法采取补救措施。

【风险指数】★★★★★

3.问题照片

【现象及部位】由于窗的位置过高（4m以上），推拉窗不方便开关操作。

【影响程度】影响正常使用，引发业主在后期使用中的投诉，增加物业维修的难度。

【处理建议】将活动的推拉窗改为固定封闭玻璃；如果不能在交付前整改到位则必须提前准备应对预案或答疑话术以降低对交付的影响。

【风险指数】★★★

4.问题照片

【现象及部位】阳台地漏排水管太小，排水不顺畅。

【影响程度】影响正常使用，存在群拆风险，有很大的交付风险。

【处理建议】设计单位、总包方及项目部协商设法采取补救措施；如果不能在交付前整改到位则必须提前准备应对预案或答疑话术以降低对交付的影响。

【风险指数】★★★★

5. 问题照片

【现象及部位】阳台地漏排水管采用外排式设计。

【影响程度】对外墙造成极大污染，增加后期物业维保压力；对业主使用也造成不便，对入住后业主的满意度影响比较大。

【处理建议】设计单位、总包方及项目部协商设法采取补救措施；如果不能在交付前整改到位则必须提前准备应对预案或答疑话术以降低对交付的影响。

【风险指数】★★★★

## 八、工程质量类风险

1. 问题照片

【现象及部位】墙面及地面水泥沙基层批荡大面积空鼓开裂。

【影响程度】有批荡层脱落的安全隐患，影响业主后期装修，影响业主满意度，形成拒绝收楼的一个因素。

【处理建议】将所有空鼓的位置打拆重新按照标准施工规范要求进行修整处理。

【风险指数】★★★★

2. 问题照片

【现象及部位】地漏堵塞。

【影响程度】增加业主后期装修通管的费用，影响业主满意度，可能形成拒绝收楼的一个因素。

【处理建议】建议统一排查通管保证排水顺畅。

【风险指数】★★★

3. 问题照片

【现象及部位】梁底不顺直，不平整。

【影响程度】严重影响观感质量，有可能增加业主后期装修的费用，影响业主满意度造成业主拒绝收楼。

【处理建议】全面检查整改；如果不能在交付前整改到位则必须提前准备应对预案或

答疑话术以降低对交付造成直接影响。

【风险指数】★★★★

4. 问题照片

【现象及部位】墙顶面渗水。

【影响程度】影响业主正常收楼入住，在法律上认可其成为拒绝收楼的条件，所以可能成为业主拒绝收楼的直接原因。

【处理建议】施工单位与项目部及时协商整改方案，并整改到位。

【风险指数】★★★★★

5. 问题照片

【现象及部位】由于维护保养不到位或成品保护不到位引起的明显的表面质量问题。

【影响程度】影响观感质量，可能成为业主拒绝收楼的诱因。

【处理建议】交付前全面检查修缮。

【风险指数】★★★★★

## 九、公共部位类风险

问题照片

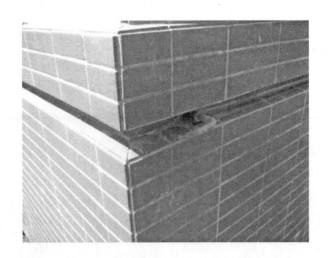

【现象及部位】外墙角钢筋外露（高度 1.2m）。

【影响程度】有安全隐患。

【处理建议】协调施工方将外露部分切除处理。

【风险指数】★★★★★

## 十、交付风险检查总结

1. 以业主视角来看本次 ×× 项目交付前的情况

公共部位景观园林施工未完成；室内房屋质量存在不少可能对交付造成直接影响的瑕疵。建议以"四个一"既"一个计划、一个责任人、一支队伍、一个样板"为原则，严格落实交付前的各项整改工作。

（1）一个计划：项目部应根据目前现场的情况，制定整改计划，围绕整改计划明确相应的整改方法，并严格根据既定计划和方法落实整改，尤其是一些可能对交付造成直接影响的质量问题。

（2）一个责任人：应明确一位整改责任人，该责任人要求能调动所有资源，并全面负责交付前的整改工作，每天及时检视整改情况。

（3）一支队伍：合理调配各种资源，组成一支有经验的维修队伍进场进行交付前整改工作，确保整改进度及效果。

（4）一个样板：考虑到交付前时间较为紧张，整改工作尽量一次成功。建议在进行大批量维修工作前，建立样板机制，选取一到两个单元作为样板，首先在样板上完成整改，确保整改效果后对剩余单元严格按照样板进行整改。

2. 组建交付期间的快修团队

交付时，对业主所提房屋问题的重视程度也直接影响到业主的体验，建议交付前组建快修团队，对交付时业主提出的问题有条件的情况下马上整改，降低业主因为房屋质量瑕疵而拒绝收楼的比率。

3. 提前整理交付动线的答疑统一口径话术

协调售楼中心、物业中心、工程部门等各方资源，提前设计好在交付动线内所有的亮点说辞，以及缺陷答疑的统一话术，整理后，对所有参与交付的人员进行培训。

4. 营造温馨感动的交付氛围

房屋交付环节是业主服务中一项重要的业主触点，业主在交付环节的体验将直接影响业主对贵司的评价。在这个环节业主的感受除来源于交付房屋的品质外，还包括所提供的交付服务的品质，所以如何对交付环节的服务进行包装，以营造温馨感动的交付氛围，是提升业主感受和体验的关键。

5. 从细节提升业主的感受

物业服务中心应考虑，在做好基础服务的前提下，结合产品本身的特点，通过一些细节及"道具"为本批收楼定位比较高端的别墅，为业主提供差异化、个性化服务，以提升业主的感受。

6. 从观感质量提高收楼率

在保证购房合同要求的施工项目必须完成以外，现场观感质量对业主体验影响比较大，建议对业主能看到的观感部分质量全面排查整改，尽量在这方面减少其对交付的障碍，比如室内清洁、花园景观等。

## 附件 1：工程质量问题分类统计

1. 毛坯房质量问题分类统计

（1）顶棚工程

①顶棚过梁不顺直、不平整；

②顶棚下水管外露标高过低影响装修施工工作及感官效果；

③顶棚底面不平整高低相差 5cm。

顶棚底面及过梁不顺直

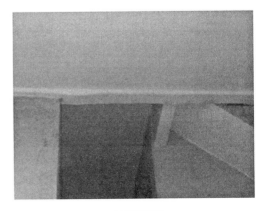

过梁不平整

下水管标高过低、外露

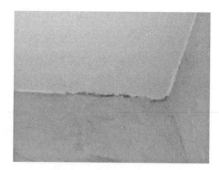

顶棚底面水平度偏差 5cm

（2）地面工程

①地面水泥沙批荡大面积多处空鼓；

②地面水泥沙批荡开裂多处；

③排水管周镂空未处理；

④地基土回填不实；

⑤地漏堵塞；

⑥造型排风烟囱顶无遮蔽，雨水倒流到室内墙面（203 户型）。

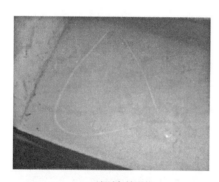

地面空鼓裂纹

地面大面积空鼓

排水管周镂空未处理

地漏堵塞

地基回填不实

造型排风烟囱顶无遮蔽，雨水倒流室
内墙面（203 户型）

（3）墙面工程

①墙面水泥大面积多处空鼓；

②墙面水泥开裂多处；

③阴阳角不顺直，相差 5mm；

④墙面墙角大面积水迹；

⑤外墙砖收口粗糙、脱落。

墙面大面积渗水

墙面大面积渗水

墙面裂纹

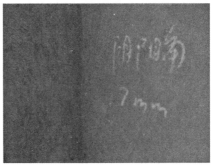

阴阳角偏差 7mm

外墙砖收口粗糙

外墙砖脱落

（4）门窗工程

①窗框、玻璃缺成品保护；

②窗户设计不合理，推拉窗太高（4m）不方便使用；

③天井玻璃边收口不严、漏缝过大；

④门开关不顺畅；

⑤打胶不顺滑。

窗户设计不合理（使用不方便）

窗户成品缺保护

门边漏缝过大

门边墙砖破损

打胶不顺滑

天井玻璃漏缝过大

天井封顶边收口不严密，无防水

门开关不顺畅

（5）楼梯工程

①楼梯台阶大面积多处空鼓；

②楼梯梯级高度偏差达 12cm；

③楼梯宽度偏差 5cm；

④楼梯台阶边镂空。

台阶高度偏差 12cm

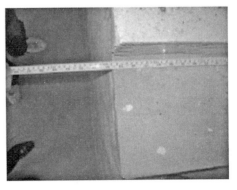

台阶长度偏差 5cm

楼梯台阶边镂空 台阶空鼓达到 90%

2. 装修房质量问题分类统计

（1）顶棚工程

①顶棚渗水；天花裂纹、开裂；

②顶棚石膏线开裂、裂纹；

③顶棚扇灰层脱落、掉皮。

顶棚渗水 顶棚渗水、裂纹

顶棚扇灰层脱落、掉皮 石膏线开裂

（2）家具、洁具及厨具

①柜体发霉；

②镜面装饰面氧化生锈；

③洁具等成品收口不严密；镜子破损；

④坐便器开关与台面冲突不能正常使用。

柜体发霉

镜面装饰面氧化生锈

水龙头收口不严密

镜子破损

坐便器开关与台面冲突不能正常使用

（3）地面工程

①地面地砖收口不严；地面木地板刮花；

②地面木地板泡水；地面木地板边收口不严；

③大理石面破损。

地砖收口不严

木地板刮花

木地板收口不严

大理石面破损

（4）墙面工程

①石材破损、收口不严密；

②施工遗留空洞未处理。

墙面大理石破损

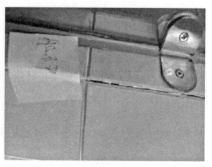

石材收口不严密

施工遗留空洞

（5）水电工程

灯不亮；卫生间未采用防溅插座。

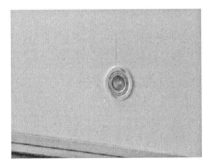

灯不亮

卫生间未采用防溅插座

（6）门窗护栏工程

①门窗开关不顺畅；缺溢水孔；

②门下漏光；门框开裂；

③护栏生锈。

门窗开关不顺畅

缺溢水孔

门下漏光

门框开裂

护栏生锈

## 附件二：毛坯房质量现场记录表

## 1004房现场验收记录表

花园：无草坪，护栏，院门，台阶石材，照明灯；逃生通道围墙无护栏，排风口无护栏。

外墙：缺瓷砖，油漆墙面色差，窗框边污染，防雷钢筋外漏，墙面饰面线条铁丝外漏，外墙没有排水管。

入户大门：门边收口漏缝，边缺瓷砖，瓷砖破损。

1楼：

厅窗锁缺扣件1处，餐厅门关闭时锁擦边；门框及滑道未做成品保护；内墙顶棚孔洞未封，空鼓16处，裂缝9处，墙面垂直最大偏差5mm，阴角最大偏差7mm，墙面露筋8处；地面空鼓12处，地面裂缝6处；厨房地面未做防水，天花阴角漏缝；厨房未预留烟管位置；洗手间地底面未做防水；下水管，排污管，2次排水管共用1条管；电梯间未做防护栏；天井地面找平层脱落，开裂；楼梯踏步1楼至3楼，空鼓90%；墙面空鼓4处，裂缝2处；一楼楼梯宽度、上下偏差5cm；楼梯踏步高度最小高度15cm、最大高度27cm。

2楼：

门框及滑道未做成品保护；地漏未做保护；阳台地漏高于地面；内墙空鼓11处，裂缝3处，墙面垂直最大偏差5mm，平整度最大偏差7mm，阴角最大偏差7mm，墙面露筋5处；地面空鼓8处，地面裂缝6处；洗手间地面未做防水；下水管，排污管，2次排水管共用1条管。

3楼：

门框及滑道未做成品保护；地漏未做保护；内墙空鼓5处，裂缝3处，墙面垂直最大偏差5mm，平整度最大偏差7mm，阴角最大偏差7mm，墙面露筋8处；地面空鼓6处，地面裂缝2处；洗手间地底面未做防水；下顶棚水管边露缝，水管，排污管，2次排水管共用1条管。地下室：墙面有水迹，钢筋外漏，天井边收口不严下方墙面有渗水痕迹；地面有水迹，空鼓。地面未清洁有脏物；电梯井没有护栏；排水管漏水；强电箱电线未做保护。

备注：1. 所有门框及滑道未做成品保护。所有室内外地漏未做保护。

2. 所有内墙面没有压光。

3. 厨房未设计烟管道。

4. 装门套时工人野蛮施工，导致门边瓷片破损。

**附件三：装修房质量现场记录表**

## 1203房（装修样板房）现场验收记录表

地下室：

门边收口开裂，门头未填缝，门框受潮起泡点变色，锁扣件松动。推拉门框边收口漏缝；门边墙面透底，顶棚墙面有水迹，裂缝，顶棚灯带玻璃起拱破损。天井顶棚面受潮掉灰脱落，墙面有水迹；大理石墙砖接缝处有水迹；地板阴角未收口漏缝，地板划花，撞伤凹点；地柜角线受潮起泡点变色，柜底板受潮变色；楼梯间墙角天花有水迹，踢脚线上口起皮，上口不顺直。

1楼：

大门未装门吸，门扇破损；吊顶裂缝；厨房不锈钢顶棚不平；天井花盆上口未贴大理石收口；厨房没有预留烟道；橱柜门破裂；洗手间坐便器冲水箱离上面大理石过近，导致水箱不能操作及检修。

2楼：

推拉门槛木板起泡点变色；房间地板阴角未收口漏缝，地板划花，撞伤凹点；洗手间插座未装防水面盖；水龙头收口不严；房间阳台天花扇灰层开裂；洗手间墙面砖收口露缝；儿童房书柜底口灯管位置未封板（有安全隐患）。

3 楼：

书房阳台门底口缝隙过大（下雨时易导致进水）；洗手间淋浴间门底部移位未固定，淋浴间墙面下方有电位；插座未装防水面盖；洗手间坐便器冲水箱离上面大理石过近，导致水箱不能操作及检修；衣帽间顶棚石膏线收口开裂；电梯检修口边收口露缝，且缝隙不一致；房间阳台护栏生锈。

　备注：1. 所有门窗底槽无溢水孔。

　　　　2. 儿童房书柜底口灯管位置未封板有安全隐患。

　　　　3. 三楼：书房阳台门底口缝隙过大下雨时易导致进水。

# 11 前期：工程模拟验收准备

## 11.1 工程模拟验收概况

工程模拟验收工作是交房活动的重中之重，阻挠顺利交房的第一大原因就是房屋质量的不合格引起业主的不满。所以，要想实现顺利交房，房地产开发商就要先自己把好质量关。而要想做好这项工作，开发商就要把握每一个细节，从房屋交房前期的各项准备（包括资料、人员的准备等）、风险评估，到后期的整改达到客户满意，做好这些才能使整个交房验收工作顺利进行。

建设部颁布的《城市住宅小区竣工综合验收管理办法》是我国第一部关于住宅小区竣工验收管理的行政规章，这个规章规定，城市住宅小区的开发建设单位对所开发的住宅小区负最终质量责任，不得任意降低工程质量标准，不得将工程质量不合格或配套不完善的房屋交付使用。同时规定了住宅小区竣工综合验收必须符合五个条件，即：

（1）所有建设项目按批准的小区规划、有关专业管理及设计要求全部建成，并满足使用要求；

（2）住宅及公共配套设施、市政基础设施等单项工程全部验收合格，验收资料齐全；

（3）各类建筑物的平面位置、立面造型、装修色调等符合批准的规划设计要求；

（4）施工机具、暂设工程、建筑残土、剩余构件全部拆除清运完毕，达到场清地平；

（5）拆迁居民已合理安置。这个规章还规定了未经综合验收的住宅小区不得交付使用，违反规定的要给予处罚等条款。

接管验收是从业主（或物业使用人）角度，对准备交付业主的房屋进行检查，找出业主可能提出的各种工程质量问题，并就房屋设计和使用功能配置、设备选型和材料选用、共用设施设备配套等方面提出改进建议。主要的内容包括以下四部分：

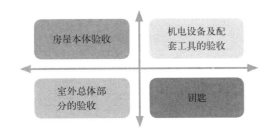

图 11.1　接管验收四部分

（1）**房屋本体验收**：主要包括内墙面、地坪、进户门、阳台、卫生间、厨房间、门窗、公共部位（楼梯走道）、外墙、屋面等部分。

（2）**机电设备及配套工具的验收**：主要包括高低压配电设备、备用发电机组、电梯、水泵系统、消防系统、门禁系统、背景音乐系统、闭路电视监控系统、周界红外报警系统、电子巡更系统、智能化车场系统、其他（包括给排水管路、配电箱柜、开关、插座、电器回路及控制标注等）。

（3）**室外总体部分的验收**：主要包括室外排水工程、行车道路、小区景观、小品、配套设施、绿化工程、围（护）栏（墙）、公园椅，自行车棚、清洁配套设施、车库、公布栏、消防系统、避雷设施、商铺。

（4）**钥匙**：主要包括各管理用房、大门、消防通道、单元门禁、业主户内等钥匙。

## 11.2　工程模拟验收标准

工程模拟验收是为了提升交付期间的客户满意度，降低入住时产品缺陷量，在产品集中交付前 3 个月内，由交付工作小组开展的内部验收及整改的工作。为了满足客户的需求，使交付工作能够顺利进行。在准备的过程中要严格按照工程验收标准来把关检查房屋质量，具体标准参考如下：

户内工程验收标准示例　　　　　　　　　　　　　　　　　　　　表 11.2-1

| 项目 | 户内工程验收标准 | 方法 |
|---|---|---|
| 房间几何尺寸 | ●房间净高、开间长、宽尺寸符合设计标准允许偏差小于10mm； | 目测：检查每个面不少于3个点。目测偏差大，应用靠尺，阴阳角尺，卷尺进行复测 |
| 内墙面 | ●表面平整光滑，阴阳角方正顺直，无明显抹纹，接槎平整，无空鼓开裂，批嵌细腻，无脱皮；<br>●预留洞、槽、管道等各面层及门窗框与墙面空隙填嵌密实，色泽一致，尺寸正确、方正、整齐、光滑；<br>●裂纹经修补后应保持与原墙面色泽一致，无修补痕迹。空调孔位置统一，无漏开错开（抹灰允许偏差小于4mm，表面平整度允许偏差小于3mm；阴阳角垂直、方正、允许偏差小于3mm） | |

| 项目 | 户内工程验收标准 | 方法 |
|---|---|---|
| 顶棚 | ●验收标准基本同内墙面，顶棚在平整度的基础上应水平，允许偏差5mm（开间尺寸两头应相等，允许偏差小于10mm） | 检查点每间不少于5个点 |
| 地坪 | ●踢脚线平整顺直，高度一致，无空鼓开裂，与墙面结合牢固，上下接槎平整，分色清楚；<br>●地坪表面平整，水泥颜色一致，清洁干净，无开裂空鼓，表面无麻面，不起砂；<br>●地坪2m靠尺和塞尺检查平整度允许偏差小于4mm | 空鼓试验 |
| 进户门 | ●门扇开启灵活，不碰擦，无噪声，无自开、自关、回弹现象；<br>●表面平整，光洁无雀丝、划痕、毛刺、锤印，无缺、断角；<br>●门锁、拉手、插销、小五金、门碰头安装齐全，位置准确，牢固，表面整洁无污染，油漆涂膜无缺损、划伤，门锁开关灵活，钥匙插入拔出无卡阻现象；<br>●门框与墙体间砂浆填嵌饱满均匀；框的正、侧面垂直（允许偏差小于3mm，框的对角线允许偏差小于3mm）；<br>●框与扇，扇与扇搭接宽度为1.5～2.5mm，高低差小于2mm） | 目测法 |
| 阳台 | ●除符合楼地面地坪要求外，不倒泛水，无积水，无渗漏，抗渗带高度一致，出墙厚度均匀，无空鼓开裂；<br>●阳台栏杆表面明显凹坑和损伤，划痕宽度不超过0.5mm；阳台立管清洁无污染 | 目测法 |
| 卫生间、厨房间 | ●墙面细砂批嵌粗细一致，平整清洁，纹路上下顺直，无裂缝，不起壳；地坪平整；<br>●防水卷出部分符合设计高度，不起层剥落，无渗漏；<br>●给水进户阀门开启灵活，各出水点无跑冒滴漏，水表运转正常，冷热水管方向正确；<br>●排水管无堵塞现象，防水高度不得低于30cm，烟道通畅，风门安装正确 | 24h闭水出水管道灌水通球试验，管道试验2分钟 |
| 铝合金门窗 | ●门窗安装牢固，开启灵活，无倒翘，阻滞及反弹现象，五金配件齐全，位置正确；<br>●门窗框扇表面外观洁净，无划痕、碰伤、拉毛现象；<br>●滑槽内无垃圾，排水孔通畅，玻璃表面洁净，无划伤，无气泡；<br>●硅胶槽顺直，槽口方向、宽度、深度符合设计要求，硅胶施放均匀，边缘整齐，光滑，无裂缝、透风、渗水现象 | 目测、反复开启、淋雨试验 |
| 给水管 | ●每层管道内应设支架，管卡埋设牢固，管卡与管子接触紧密；<br>●给水阀门的位置准确，开关严密、灵活；<br>●所有的给水管（含热水管）都经试压且符合规范标准，水表号与门牌号对应，校验记录齐全通水试验，无冷热水混接现象，左冷右热，标识清楚 | 打压泵打压测试，通水试验 |
| 排水管 | ●排水管每户洁具留口位置准确，厨房、阳台地漏高出地坪0.5～1cm，；检查口位置正确，清扫方便；<br>●管道井和检查门处管子口无污物；<br>●不渗不漏，排水通畅 | 管道通球、放水试验 |
| 开关、插座 | ●线材色标合理，接线正确，左零右相，相线为红线，零线为蓝线，接地线为绿黄双色线，接地接触紧密；<br>●开关开启灵活，插座通电正常，<br>●各种开关工作正常，距门框为0.2～0.5m；方向应一致，向上为"合"，向下为"断"；<br>●切线单线的开关应切断相线；<br>●暗开关、暗插座的盖板紧贴墙面，四周无缝隙，螺口灯头相线接在中心触点；零线接在螺纹端子上 | 多次开启、用带灯泡的插头测试 |
| 空调、雨落管 | ●按规范每层应安装伸缩节，伸缩节安装高度统一；<br>●管道支承件的间距统一，所有管道不堵不漏，排水通畅 | 目测 |

续表

| 项目 | 户内工程验收标准 | 方法 |
|---|---|---|
| 配电箱、盘 | ● 元件齐全，接地正确，线材色标正确，排列清楚，接触严密（相线为红线、黄线、绿线，零线为蓝线，接地线为绿黄双色线）；<br>● 配电箱、盘门开启灵活、密闭严实，无相序错误或门缺失现象，控制开关标识清楚，功能与设计相符；<br>● 电表号与门牌号对应，标识清楚，且校验记录齐全 | 观察法 |
| 煤气管 | ● 管道安装每层应设套管，套管高出地坪8~10cm；<br>● 煤气管明敷，离墙面3.5~4cm；煤气管每层加管夹，安装位置准确牢固 | 目测法 |

**公共区域验收标准示例**  表 11.2-2

| 项目 | 公共区域验收标准示例 | 方法 |
|---|---|---|
| 楼梯间 | ● 墙面平整，阴阳角方正顺直清晰；<br>● 斜板表面平整，与梁等接点处水平，梁表面平整，梁底水平，高度宽度一致，腻子批嵌平整，无腻灰，无裂纹，涂料均匀，无色差；<br>● 地砖铺贴平整，拼花图案清晰，色泽纹路一致，表面清洁，不起壳，无裂缝，无碎块，掉角，缺楞，砖缝均匀顺直，楼梯踏步尺寸一致，无大小头，斜面一条线，2m靠尺检查平整度允许偏差小于4mm；<br>● 楼梯挡水线、挂落线、宽厚度一致，表面平整，颜色一致，阴阳角清晰明快不含糊；<br>● 楼梯栏杆焊接牢固，焊疤处理平整，木扶手拼接牢固，扶手背不弯曲，腻子批嵌密实，油漆表面涂刷后无锈斑、焊渣、毛刺等。灯具设置合理，多回路控制 | 目测；目测偏差大，应用靠尺，阴阳角尺，卷尺进行复测 |
| 外墙 | ● 墙体无渗漏，墙面平整无空鼓开裂，大墙角，阴角挺拔通直，细砂批嵌均匀无接口，表面无明显射影和波纹，阴阳角清晰不含糊；<br>● 涂料均匀，无色差，无接痕，无污染，收头清爽；<br>● 阳台粉刷曲线和顺，阴阳角清晰明快，挂落线厚度、宽度一致，细砂批嵌均匀，纹路顺直 | 目测、淋雨试验 |
| 屋面 | ● 油漆均匀，无流坠起皱，无锈斑，焊接饱满，无漏焊，脱焊现象；<br>● 栏杆安装牢固、焊接饱满、接口平整、表面喷涂均匀、无损伤；涂料均匀无色差；<br>● 基层与突出屋面结构（女儿墙、排气管等）的连接处以及基层的转角处（水落口，天沟等）均应做成光滑圆弧形<br>● 防水卷材铺贴密实，卷材无孔洞，裂口，裂缝；天沟排水通畅，无明显积水 | 整个屋面24小时盛水无渗漏 |

**设施设备验收案例**  表 11.2-3

| 项目 | 设施设备验收示例 | 方法 |
|---|---|---|
| 弱电系统 | ● 声音、图像清晰、信号强。<br>● 可视对讲与中央监控室相通、电控锁开启灵活。（对该部分的检查一般会在该配套开通时进行） | 用蜂鸣器、场强仪等进行测试 |
| 灯具 | 无缺失、无不亮现象，阳台灯具安装上下对齐 | 多次开启 |
| 电器回路 | ● 绝缘测试：导线间和导线对地间的绝缘电阻值必须大于0.5MΩ。<br>● 通电测试：漏电开关短路保护、过载保护动作可靠。各回路功能标注明显 | 用钳型表、摇表 |
| 可视门对讲 | ● 室内机必须安装可靠，通话质量优良，可视屏图像清晰，电控锁开启灵活；<br>● 可视摄像头必须满足白天、夜间图像的清晰，访客呼叫键采用直接式 | 目测法 |
| 背景音乐系统 | ● 室外扬声器安装牢固，每只扬声器可单独开关，导线必须穿管，配置和使用必须可靠 | 目测法 |

续表

| 项目 | 设施设备验收示例 | 方法 |
|---|---|---|
| 闭路电视监控系统 | ● 系统必须可与周界防越报警系统联动进行视频录像；<br>● 摄像机必须安装牢固，设备必须能满足白天、夜间正常使用，并保证图像清晰、配置必须满足招标书上的功能要求有防雨、水措施，应急报警系统与中控室相联 | 目测法 |
| 电子巡更系统 | 信息钮要布置合理，贴放可靠牢固，要能防水防锈 | 检查防水效果 |
| 周界红外报警系统 | 系统的配置必须满足招标书上的功能要求，安装可靠牢固，报警点与沙盘显示正确，可与电视监控系统联动，雨天、雾天、大雪天不会发生误动作，有防雷措施，报警系统周边不得有植物遮挡 | 目测法 |
| 电缆 | ● 电缆规格应符合规定，排列整齐，无机械损坏；标志牌装设齐全、正确、清晰；<br>● 电缆终端、电缆接头应接牢固，地应良好；相色应正确；电缆支架等的金属部件防腐层应完好。路径标志应清晰、牢固、间路适当；<br>● 电缆沟内应无杂物，积水，盖板齐全。电缆路径标志应与实际路径标志相符 | 目测法 |
| 电动机 | ● 电机性能应符合电机周围工作环境的要求，电机转子应灵活，不得有碰卡声；<br>● 润滑脂的情况正常，无变色、变质及变硬现象。其性能应符合电机的工作条件；<br>● 电机的引出线鼻子焊接或压接良好，编号齐全，方向要符合要求，无杂声 | 目测法 |
| 水泵 | ● 水泵的地脚螺丝应该垂直，螺母、垫圈与泵接触应紧密拧紧；<br>● 离心泵和轴流泵的安装应水平，出水管与水泵节的连接必须对正，牢固可靠；<br>● 底座与传动轴、泵管的中心线应垂直，与泵管的连接法兰应对准，螺栓紧固；<br>● 离心泵、轴流泵填料函盖松紧应适当，允许有滴状泄漏，温度不得过高；<br>● 运转中无较大振动，声音正常，每个连接部分不得松动或泄漏；<br>● 滚动轴承最高温度不得超过70℃，滑动轴承不能超过60℃ | 目测法以及温度计 |
| 配电柜盘 | ● 盘、柜的固定及接地应可靠，盘、柜漆层应完好、清洁、整齐，固定牢固；<br>● 所有二次回路接线准确、连接可靠，标志齐全清晰，绝缘符合要求；<br>● 手车或抽屉式开关柜在推入或抽出时应灵活，机械闭锁可靠，照明装置齐全；<br>● 盘、柜及电缆管道安装完，应做好封堵。操作及联动试验正确，符合设计要求。使用通用钥匙或弹簧开启方式 | 目测法 |
| 消防系统 | ● 所有消防主管网应在合理位置，清晰标识管网功能、流向，在天台设置试验消防栓系统应在最高位置设置自动排气设备，所有消防阀门应标明控制区域；<br>● 消防泵应设置带负荷试泵条件：在泵的出水管闸阀前加装一套循环管；<br>● 防排烟送风阀旋转灵活，开关自如，风机运行无异常声音；<br>● 防火卷闸门升降自如，电机运行无异常声音。消防控制中心应安装空调；<br>● 办公室、仓库、主要出入口、地下停车场、所有设备房、控制中心应设内线电话。各楼层应设立消防紧急对讲电话；<br>● 防火门：公共部位防火门钥锁应通用。门开、关、锁动作自如，门表面无划伤，闭门器完好无损、力量适中 | 消防联动试运行 |
| 电梯 | ● 限速器绳轮、钢带轮、导向轮必须牢固，转动灵活，钢丝绳应擦拭干净，严禁有死弯、松股及断丝现象；<br>● 层门指示灯盒及召唤盒安装应平整、牢固、不变形、不突出装饰面；<br>● 电梯的电源应专用，机房照明、井道照明、轿厢照明应与电梯电源分开；<br>● 急停、检修转换等按钮和开关的动作必须灵活可靠；<br>● 极限、限位、缓速装置的安装位置正确，功能必须可靠；<br>● 电梯启动、运行和停止，轿厢内无较大的震动和冲击，制动可靠；<br>● 超载试验必须达到电梯能安全启动、运行和停止；<br>● 电梯内紧急按钮能够实现轿厢控制中心三方对讲 | 试运行 |
| 发电机组 | ● 发电机型号与移交清单相符，工作状态良好，配件齐全，标识清楚；<br>● 设备表面完好无损伤，设备安装牢固；<br>● 机房隔声，防护设置完好，通风、采光良好 | 试运行 |

续表

| 项目 | 设施设备验收示例 | 方法 |
|------|------------------|------|
| 景观<br>光彩 | ● 多回路分片区控制，装表计量。泵坑加设不锈钢滤网；<br>● 使用时间控制器、声光控等先进技术控制 | 目测法 |
| 避雷带 | ● 避雷带规格符合设计要求，无明确时应小于10Ω | 电表测量 |

**总平设施验收标准示例**　　　　　　　　　　　　　　　表 11.2-4

| 项目 | 总平设施验收标准示例 |
|------|----------------------|
| 行车<br>道路 | ● 路面：表面无裂缝及明显接槎痕迹，铺设顺直，泄水畅通，无积水现象；<br>● 雨水口篦子、检查井盖等高出路面部分，不应大于5mm；<br>● 路面的平整度符合允许偏差，3m直尺检查时允许偏差小于5mm；<br>● 路面坡度符合设计允许偏差小于0.15%，无积水现象 |
| 室外排<br>水工程 | ● 室外管道及窨井按设计施工，标高及坡度符合设计要求，无倒坡现象；<br>● 窨井布置合理，出水口四周封闭紧密，粉刷符合要求；<br>● 各窨井盖完整无缺，无翘裂、断裂、变形，易于开启；<br>● 管道系统作闭水试验和冲水试验，系统无外泄，排水通畅 |
| 小区景<br>观小品 | ● 绿化用水必须单独计量，水泵要作试压，灯光布置系统须作线路绝缘测试和通电试验；<br>● 小区内道路平整，陶板砖铺设整齐，无松翘，分界处层次清晰，集水井分布合理，无积水现象 |
| 围（护）<br>栏（墙） | ● 安装牢固，焊点平滑，无脱漆、锈蚀，粉刷应平整亮丽、无流坠，颜色一致；<br>● 设计安装围栏应设立监视系统和报警系统的安装位置 |
| 公园椅 | ● 在小区道路、花园内适当位置，合理设置公园椅；<br>● 公园椅安装牢固，无脱漆、无锈蚀、无破损、无污迹，颜色均匀一致 |
| 单（摩<br>托）<br>车棚 | ● 在小区适当位置，合理设置自行车、摩托车存放点，分布点，其大小应与小区的实际情况相吻合，存放点设置合理的照明；<br>● 电动单车棚内应考虑充电位及插座，自行车库与汽车库之间应进行分隔 |
| 清洁<br>配套<br>设施 | ● 住宅标准层应设置垃圾桶的摆放位置，摆放位置的地面及墙壁应贴瓷片；<br>● 应配置水源及排水设施，以方便清洁；<br>● 电梯厅应配置与环境和功能相配套的果皮箱；<br>● 地下车库应合理设置果皮箱及清洁水源，水源处需设置排水、考虑防水；<br>● 天面应合理设置清洁水源，水源处需设置排水；<br>● 应设置垃圾中转站，且中转站应配置清洗水源及排水功能和排气设施 |
| 车库 | ● 地下车库墙面、顶棚平整，地面不反砂，无渗漏，出入口应设置防洪闸；<br>● 道路标识和设备完整、合理。按设计规范配置车库设备 |
| 公布栏 | ● 主要出入口设置信息公布栏，小区应在出入口合理位置设置信息公布栏 |
| 商铺 | ● 每个商铺应有独立的供电、供水、排水系统，有电话宽带接口，水电表安装在方便抄表的位置，应综合考虑预留商铺广告牌的安装位置；<br>● 商铺应有疏散指示灯、消防平面图、配置足够的灭火器材等消防设施 |
| 基础与<br>地下室 | ● 防水层满铺不断、接缝严密，各层之间和防水层与基层之间应紧密结合，无裂缝、损坏、气泡、脱层或滑动等现象；<br>● 管道、电缆等穿过防水层处应封严，不渗水；<br>● 变形缝的止水带不得有折裂、脱焊或脱胶，缝隙应用填缝材料封严 |
| 绿化<br>工程 | ● 种植土壤的检查标准：土地平整、排水坡恰当，无积水；土壤基本无石砾、瓦砾等杂物；<br>● 植物材料质量标准：树木姿态掌上长势；树干挺直、树冠完整、不脱脚、生长健壮、根系茂盛，土球完整、包扎正确牢固、裸根树根系完整；无病虫害、长势良好；<br>● 树木、乔木、大灌木栽植点、数量符合设计要求 |

**延伸阅读**

## 失败案例之——标准与合同差异

2010年11月2日，张某与河北某房地产开发有限公司（以下简称开发公司）签订商品房买卖合同，合同约定由张某购买开发公司开发的商品房一套，约定建筑面积为115.30平方米，总价为856562元，该商品房于2011年10月30日前将验收合格的商品房交付给张某，并约定对房屋面积以交房时测绘为准。合同签订后，张某按期支付了首付款并办理了银行按揭手续。2011年10月20日开发公司向张某送达了入住通知书，但在入住通知书中通知张某补交房屋面积差价款23000元，张某拒绝补交，这种情况下开发公司拒绝交房，于是张某向法院提起诉讼，要求开发公司交付房屋并承担逾期交房违约金。

**律师意见：**

1. 首先张某与开发公司签订的商品房买卖合同是合法有效的，开发公司应当按照合同的约定将符合验收合格条件的商品房交付张某使用。

2. 合同中约定房屋面积以房管部门实测面积为准，实际测绘的面积差异应当以合同约定的面积计算依据为基础，但张某与开发公司签订商品房买卖合同约定的是建筑面积，而商品房的建筑面积包括套内建筑面积和公摊面积组成，合同并没有约定套内建筑面积是多少，公摊面积是多少，这就会直接导致实际测绘的建筑面积增大有可能是套内建筑面积增加，也有可能是公摊面积增加，这种情况下，如果计算面积差异就成了争议的焦点，由于合同中没有明确约定套内建筑面积和公摊面积，因此很容易导致购房者利益的损失。

**法院审理：**

经过法院多次开庭审理，最终判决张某向开发公司支付房屋面积差价款15000元，超出3%部分不予支持。

**律师建议：**

目前开发商与购房者签订的商品房买卖合同都是使用国家工商行政管理总局、建设部或者当地工商行政部门、建设厅颁布的范本，根据范本，商品房买卖合同应当写明预测的建筑面积，并且分别写明预测的套内建筑面积和公摊面积，约定计价方式是按套内建筑面积还是建筑面积还是按套计价，还要约定不同计价方式的面积差异的处理方式，但范本仅将面积差异处理与计价方式相并联，这就产生因计价面积意外的其他面积发生变化的争议，因此建议购房者在签订商品房买卖合同时除了约定建筑面积、套内建筑面积、公摊面积外，还要分别约定建筑面积差异如何解决，套内建筑面积差异如何解决，公摊面积差异如何解决，这样能够避免约定不清产生将来计价计算依据的争议。

## 11.3  工程模拟验收操作流程

了解了工程验收的概况和标准，那么验收的具体操作流程都有哪些呢？共分九步，如图 11.3-1 所示。

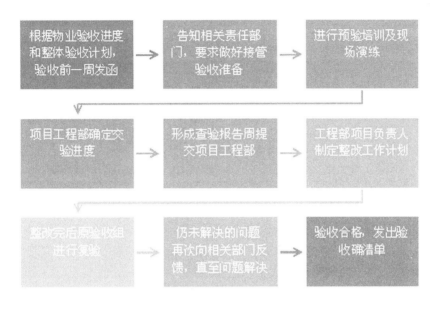

图 11.3-1  模拟验收流程图

### 11.3.1  模拟验收流程

根据物业验收进度和整体验收计划，验收前一周发函，告知将要验收的楼栋、内容及验收工作安排等情况，要求做好接管验收准备。工程项目部会同物业工程部负责组织公司员工进行预验培训及现场演练、讲解预验工作规范、重点及现场记录要求。

接管验收期间由物业项目工程部根据项目工程部确定交验进度，分栋分单元确定预验工作责任人及组长，根据验房顺序按栋、单元、楼层、户分批进行。验房组在验房时根据验收内容逐一进行，认真做好记录，并请验房陪同人及时签字确认，每天对本组形成的相关记录进行整理、存档。接管验收工作期间由物业项目工程部负责人按计划对验收结果进行收集、分类、汇总、统计，并且形成查验报告每周提交项目工程部及监理，对发现的问题分类由工程部项目负责人制定整改工作计划，限期整改，并监督现场执行。

《工程整改通知单》的整改完工日期一般为一周。一周后由原验收组进行复验，在此期间验房负责人每两天跟进一次工程整改情况。每周物业公司将仍未解决的问题以《遗留问题统计表》的形式向地产相关部门反馈，直至问题彻底解决。

每周开展物业工程部、地产项目部、施工单位的三方协调会，解决遗留问题。

验收合格，验房负责人提请物业项目工程部向地产工程项目部发出物业验收确认清单。通知进行相关部分项目资料、工程配套物品、公共设施设备的配套物品等移交主要工作内容有：规划设计资料；工程资料；设施设备资料；接管验收资料在办理完毕交接手续后按照档案管理规范纳入资料库房统一管理，提供后期工程维修资料备查（表11.3-1）。

资料交接清单　　　　　　　　　　　　　　　　　　表11.3-1

| 序号 | 一级目录 | 二级目录 | 三级目录 |
|---|---|---|---|
| 1 | 物业规划档案 | 用地批准文件 | 小区规划图<br>建设用地规划许可证 |
| | | 项目批准文件 | 建设工程规划许可证<br>施工许可证<br>建筑物命名、更名审批资料<br>用水指标批文<br>用电指标批文<br>用气指标批文 |
| 2 | 物业接管验收资料 | 移交证明资料 | 物业移交会议纪要或移交证明<br>工程设备交接资料<br>工程、设备技术资料交接清单<br>房屋钥匙交接清单 |
| | | 验收证明资料 | 工程竣工验收证明<br>消防验收资料<br>环保达标（噪声）验收资料<br>电气设备绝缘检查<br>电缆铺设记录<br>线路及电力电缆试验记录<br>发电机、电动机检查试运转记录<br>电气设备送电验收记录<br>防雷接地电阻检测记录<br>防雷引下线焊接记录<br>水、卫生器具检验合格证<br>通风机风量测量调整记录<br>空调性能测定调整记录<br>房屋测绘验收资料<br>房屋验收记录 |
| 3 | 前期物业服务合同 | 物业合同 | 发展商委托物业服务合同、<br>业主委员会委托物业服务合同 |
| 4 | 住户档案 | 住户资料 | 开发商销售部转移业主档案、业主临时公约 |
| 5 | 工程档案 | 竣工资料 | 住宅区规划图<br>小区竣工总平面图<br>地下管网图竣工图<br>单体建筑、结构、设备、附属配套设施安装竣工图<br>单位工程竣工验收证明书<br>绿化竣工图<br>地质勘探报告，沉降观察记录<br>房屋种类、数量、用途的分类表 |
| | | 技术资料 | 所有设备订货合同，随机专用工具清单<br>设施设备安装、试验、调整、验收资料<br>设施设备图纸、合格证、使用说明等技术资料<br>房屋及共用设施设备大中修、改造变更资料 |

| 序号 | 一级目录 | 二级目录 | 三级目录 |
|---|---|---|---|
| 6 | 产权资料 | 产权材料 | 房屋产权清册<br>管理用房产权证明<br>商业用房产权证明及清册<br>配套设施产权证明及清册<br>土地使用权出让资料<br>地界界桩放点报告<br>物业房用房产权证明 |
| 7 | 各类标识清单 | 标识总结 | 发展商制作的各类指示牌清单（平面示意图、路标等）<br>管理处制作的各类标识清单 |
| 8 | 电梯系统管理档案 | 电梯管理资料 | 电梯准用证<br>年检合格证 |
| 9 | 消防管理档案 | 消防管理资料 | 消防设施清单<br>消防设施分布平面图 |

项目清场、物业管理各岗位（客服、工程、安全、保洁人员）配置到位，正式启动物业现场服务各项工作。

总平物料投放到位（垃圾桶、VI标识、便民设施、座椅，手推车、医药箱等物品的投放）。

在接管验收期间未完工的项目，工程项目部将告知准确的完工日期，请物业工程部验收人员另行约定时间补验。对于预验时发现的问题，经工程部、技术部鉴定后，确实需要进行整改的项目，由工程部向施工单位签发整改通知，限定整改完成日期，并抄送物业工程部，派遣单元负责人进行复验并反馈结果；对于接管验收时发现的问题，经工程部、技术部鉴定后，属规范允许范围不需要整改的项目，请技术部将相关规定和标准书面转物业工程部。

验房人员如对工程部的整改处理方案或不予整改的决定有异议，或者对整改完毕但是仍然影响交付的工作事项，物业工程部可就此提出申请上报计审部及工程总监处理；对于接管验收时发现的问题，经工程部、技术部鉴定后，可能在交房前无法完成的整改工作应当由工程部向施工单位签发违约赔偿通知，追究施工单位的违约责任，直接扣除开发商须承担的延期交房违约金和相应的物业管理费损失。由客服部配合物业项目部为业主单独办理交房手续，并做好解释工作；整改完成后先由工程项目部专业工程师进行专业验收，合格后通知物业工程部安排复验，如复验不合格，或验收有不合格的项目，物业工程部应将验收单复印件交项目工程部签收，项目工程部应于规定的日期内返修完毕交与复验直至合格。

全部验收工作应控制在交房前完成。返修复验需由项目工程部提出，随时提出，随时复验。再次进入上面的程序，直到全部问题得到双方共同认可为止。原则是要做到不放过任何一个细节。（具体流程如图11.3-2、11.3-3、11.3-4所示）

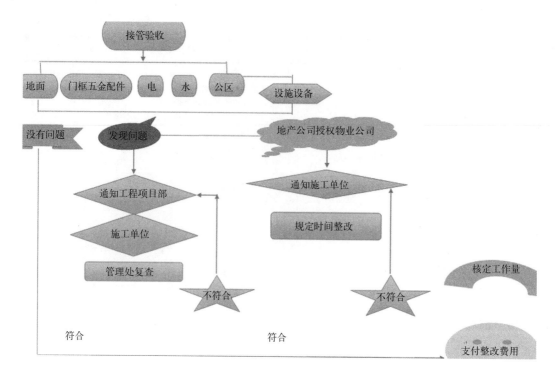

图 11.3-2　接管验收流程图

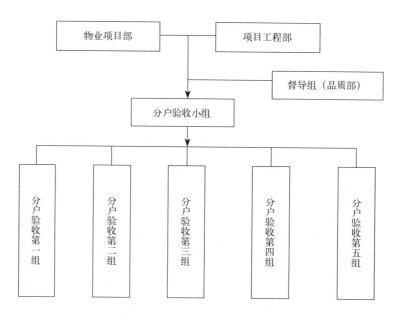

图 11.3-3　接管工作组织架构图

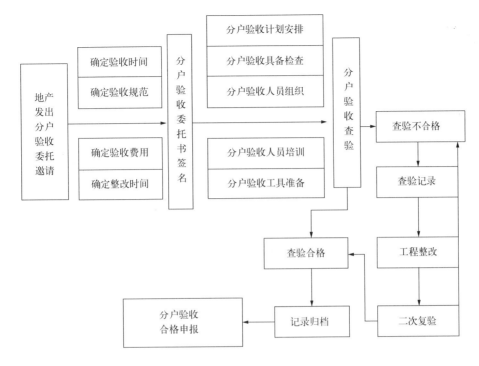

**图 11.3-4　分户验收流程**

## 11.3.2　工程分户验收基本方法与要求

通过自检来为房屋验收工作做准备，提前按照住宅工程质量验收参照标准检查各项指标，争取做到让客户满意。

住宅工程质量分户验收内容及要求（户内部分）　　表 11.3-2

| 验收项目 | 验收内容 | 验收方法 | 验收要求 | 建筑装饰装修工程质量验收规范 |
|---|---|---|---|---|
| 1.建筑结构外观及尺寸偏差 | 建筑结构外观 | 观察检查 | 应与设计图纸相符 | |
| | 室内净高 | 使用激光测距仪或钢卷尺进行测量 | 对于精装房或已做找平层的，其最大负偏差（实测平均值与设计值之差）不超过20mm，极差（实测值中最大值与最小值之差）不超过20mm。初装房极差不超过40mm | DGJ32TJ103-2010 |
| | 室内净开间 | 使用激光测距仪或钢卷尺进行测量 | 极差及最大负偏差均不应不超过20mm | DGJ32TJ103-2010 |
| | 构件尺寸 | 观察和尺量检查 | 室内梁、窗台等构件不得出现明显的 大小头现象 | |

续表

| 验收项目 | 验收内容 | 验收方法 | 验收要求 | 建筑装饰装修工程质量验收规范 |
|---|---|---|---|---|
| **2. 墙面、地面和顶棚面层** | 墙面平整度、垂直度 | 用2m垂直检测尺、靠尺和塞尺检查 | 每户住宅墙面平整度、垂直度及阴阳角方正要求最少各检测10个点，检查点80%在允许偏差范围内。高级抹灰的平整度、垂直度允许偏差值均为3mm，普通抹灰的平整度、垂直度允许偏差值均为4mm | GB 50210-2001 |
| | 墙面阴阳角方正 | 用直角检测尺检查 | 高级抹灰的阴阳角方正允许偏差值为3mm，普通抹灰的阴阳角方正允许偏差值为4mm | GB 50210-2001 |
| | 地面平整度 | 用2m靠尺和楔形塞尺检查 | 对于精装修住宅，每户住宅要求最少检测10个点，检查点80%在允许偏差范围内。普通整体及板块楼地面允许偏差值均为4mm | GB 50209-2010 |
| | 墙面、顶棚脱层、空鼓、爆灰和裂缝 | 小锤轻击和观察检查 | 外墙和顶棚的抹灰层与基层之间及各抹灰层之间必须粘结牢固，抹灰层应无脱层、空鼓；面层应无爆灰和裂缝 | GB 50210-2001 |
| | 墙面、顶棚渗漏、地面渗漏、积水 | 观察检查和蓄水、泼水检验及坡度尺检查 | 墙面、顶棚、地面不得有渗漏，有防水要求的建筑地面工程的立管、套管、地露处不应渗漏，坡向应正确、无积水 | GB 50209-2010 |
| | 楼地面空鼓、裂缝 | 小锤轻击和观察检查 | 面层与下一层应结合牢固，且应无空鼓和开裂。当出现空鼓时，空鼓面积不应大于400cm$^2$，且每自然间或标准间不应多于2处 | GB 50209-2010 |
| | 卫生间地面及其他有防水要求的地面 | 蓄水检查、泼水方法 | 蓄水深度最浅处不得小于10mm，蓄水时间不得少于24h；检查有防水要求的建筑地面的面层应采用泼水方法 | GB 50209-2010 |
| **3. 门窗** | 安装牢固 | 手扳检查 | 建筑外门窗的安装必须牢固 | GB 50210-2001 |
| | 门窗开启 | 开启和关闭检查，手扳检查 | 开启灵活、关闭严密、无倒翘 | GB 50210-2001 |
| | 门窗框渗漏 | 观察检查 | 门窗框与墙体之间的缝隙应填嵌饱满，并采用密封胶密封。密封胶表面应光滑、顺直，无裂纹。 | GB 50210-2001 |
| | 防脱落措施 | 观察和手扳检查 | 推拉门窗扇必须有防脱落措施，扇与框的搭接量应符合设计要求 | GB 50327-2001 |
| **4. 栏杆、护栏及安全玻璃** | 已安装护栏 | 观察检查 | 无室外阳台的外窗台距室内地面高度小于0.9m时必须采用安全玻璃并加设可靠的防护措施 | DBJ 15-30-2002 |
| | 栏杆、护栏安装牢固 | 观察和手扳检查 | 护栏高度、栏杆间距、安装位置必须符合设计要求。护栏安装必须牢固 | GB 50210-2001 GB 50352-2005 |
| | 栏杆高度 | 尺量检查 | 临空高度在24m以下时，栏杆高度不应低于1.05m，临空高度在24m及24m以上（包括中高层住宅）时，栏杆高度不应低于1.10m | GB 50352-2005 |

续表

| 验收项目 | 验收内容 | 验收方法 | 验收要求 | 建筑装饰装修工程质量验收规范 |
|---|---|---|---|---|
| 4.栏杆、护栏及安全玻璃 | 护栏高度 | 尺量检查 | 有外围护结构的防护栏杆的高度均应 从可踏面起算，保证净高0.90m | GB 50096-2011 |
| | 栏杆、护栏的形式 | 观察检查 | 住宅、托儿所、幼儿园、中小学及少年儿童专用活动场所的栏杆必须采用防止少年儿童攀登的构造；当采用垂直栏杆做栏杆时，其杆件净距不应大于0.11m | GB 50352-2005 |
| | 竖杆间距 | 尺量检查 | 临空处栏杆净间距不应大于0.11m，正偏差不大于3mm | GB 50210-2001 GB 50352-2005 |
| | 安全玻璃厚度和类型 | 观察检查，游标卡尺测量 | 单块玻璃大于1.5m²时应使用安全玻璃；护栏玻璃应使用公称厚度不小于12mm的钢化玻璃或钢化夹层玻璃；当护栏一侧距楼地面高度为5m及以上时，应使用钢化夹层玻璃；屋面玻璃或雨篷玻璃必须使用夹层玻璃或夹层中空玻璃，其胶片厚度不应小于0.76mm | GB 50210-2001 JGJ113-2015 |
| 5.给水、排水 | 管道敷设 | 观察检查 | 坡度正确，安装固定牢固，配件、支架间距、位置符合要求 | GB 50242-2002 |
| | 水压试验 | 手动（电动）试压泵加压试验检查 | 室内给水管道的水压试验必须符合设计要求 | GB 50242-2002 |
| | 给水管道暗敷临时标识 | 观察检查 | 给水管道暗敷时，地面宜有管道位置的临时标识 | GB 50015-2003 |
| | 阀门安装 | 观察检查 | 型号、规格、公称压力及安装位置符合设计要求 | GB 50242-2002 GB 50015-2003 |
| | 地漏水封高度 | 尺量检查 | 带水封的地漏水封深度不得小于50mm | GB 50015-2003 GB 50242-2002 |
| | 检查口伸缩节 | 观察和尺量检查 | 伸缩节间距不得大于4m；设计无要求时污水立管每隔一层设置一个检查口，但在最底层和有卫生器具的最高层必须设置 | GB 50242-2002 |
| | 洁具安装 | 观察检查 | 排水栓和地漏的安装应平整、牢固，满水后各连接件不渗不漏；通水试验给、排水畅通 | GB 50242-2002 |
| | 给水压力在0.05～0.35MPa | 用量程1.0或1.6MPa压力表测量 | 分户用水点的给水压力不应小于0.05MPa，入户管的给水压力不应大于0.35MPa | GB 50096-2011 |
| 6.电气 | 导线截面 | 用游标卡尺测量 | 导线型号规格、截面、电压等级符合要求 | GB 50303-2015 |
| | 分色施工 | 观察检查 | A相—黄色、B相—绿色、C相—红色、零线（N）—淡蓝色、保护地线（PE）—黄绿相间色 | GB 50303-2015 |

续表

| 验收项目 | 验收内容 | 验收方法 | 验收要求 | 建筑装饰装修工程质量验收规范 |
|---|---|---|---|---|
| 6.电气 | 绝缘强度 | 绝缘电阻摇表现场测量 | 线间和线对地绝缘电阻大于0.5MΩ | GB 50303-2015 |
| | 导线敷设 | 观察检查 | 绝缘导线接头应设置在专用接线盒（箱）或器具内，不得设置在导管和槽盒内 | GB 50303-2015 |
| | 漏电保护 | 观察检查、测试 | 接线正确，动作电流不大于30mA，动作时间不大于0.1s | GB 50303-2015 |
| | 分户配电箱 | 观察和开、关保护器 | 箱（盘）内回路编号应齐全，标识应正确；装有电器的可开启的门，门和金属框架接地端子间应选用截面积不小于4mm黄绿绝缘铜芯软导线连接，并应有标识 | GB 50303-2015 |
| | 开关插座灯具 | 观察检查 | 开关插座安装正确；灯具试运行（8h）合格，安装高度低于2.4m时，金属灯座必须接地（PE）或接零（PEN） | GB 50303-2015 GB 50096-2001 |
| | 局部等电位 | 观察检查 | 等电位连接端子齐全、位置正确，铜接地干、支线截面分别不小于$16mm^2$、$6mm^2$ | GB 50303-2015 |
| | PE（或PEN）线在插座间不串联联结 | 观察检查 | 接地（PE）或接零（PEN）线在插座间不串联联结 | GB 50303-2015 |

住宅工程质量分户验收内容及要求（公共部分） 表 11.3-3

| 验收项目 | 验收内容 | 验收方法 | 验收标准 | 参照标准 |
|---|---|---|---|---|
| 外墙 | 墙面平整度、垂直度 | 用2m靠尺和楔形塞尺检查 | 墙面平整度、垂直度要求最少检测各30个点，检查点80% 在允许偏差范围内 | GB 50210-2001 |
| | 墙面阴阳角方正 | 用直角检测尺检查 | 要求最少检测30个点，检查点80% 在允许偏差范围内 | GB 50210-2001 |
| | 墙面裂缝 | 观察检查 | 墙面无可见裂缝 | |
| | 窗角斜裂缝 | 观察检查 | 窗角无可见裂缝 | |
| | 墙面渗漏 | 观察检查 | 墙面应无渗漏 | |
| | 饰面砖空鼓、脱落 | 小锤轻击和观察检查 | 饰面砖粘贴必须牢固，满粘法施工的饰面应无空鼓、裂缝 | GB 50210-2001 |
| 门窗、楼梯和通道 | 安装牢固 | 手扳检查 | 建筑外门窗的安装必须牢固 | GB 50210-2001 |
| | 门窗开启 | 开启和关闭检查，手扳检查 | 开启灵活，关闭严密 | GB 50210-2001 |
| | 门窗框渗漏 | 观察检查 | 门窗框与墙体之间的缝隙应填嵌饱满，并采用密封胶密封。密封胶表面应光滑、顺直，无裂纹。 | GB 50210-2001 |

续表

| 验收项目 | 验收内容 | 验收方法 | 验收标准 | 参照标准 |
|---|---|---|---|---|
| 门窗、楼梯和通道 | 防脱落措施 | 观察和手扳检查 | 推拉门窗扇必须有防脱落措施，扇与框的搭接量应符合设计要求 | GB 50327-2001 |
| | 墙面空鼓、裂缝 | 小锤轻击和观察检查 | 外墙和顶棚的抹灰层与基层之间及各抹灰层之间必须粘结牢固，抹灰层应无脱层、空鼓；面层应无爆灰和裂缝 | GB 50210-2001 |
| | 地面空鼓、裂缝 | 小锤轻击和观察检查 | 面层与下一层应结合牢固，且应无空鼓和开裂。当出现空鼓时，空鼓面积不应大于400cm$^2$，且每自然间或标准间不应多于2处 | GB 50209-2010 |
| | 楼梯踏步高度差 | 尺量检查 | 相邻踏步高度差不应大于10mm | GB 50209-2010 |
| | 高层首层疏散 外门及走道宽度 | 观察和尺量检查 | 疏散门应外开，其净宽不应小于1.2m；走道宽度，单面布房不应小于1.3m，双面布房不应小于1.4m | GB 50016-2014 |
| | 无障碍设施 | 观察和尺量检查 | 公共建筑与高层、中高层居住建筑入口设台阶时，必须设轮椅坡道和扶手；建筑入口轮椅通行平台最小宽度应符合规定；坡道在不同坡度的情况下，坡道高度和水平长度应符合规定 | GB 50763-2012 |
| 地下室 | 墙面、顶棚空鼓、爆灰和裂缝 | 小锤轻击和观察检查 | 外墙和顶棚的抹灰层与基层之间及各抹灰层之间必须粘结牢固，抹灰层应无脱层、空鼓；面层应无爆灰和裂缝 | GB 50210-2001 |
| | 墙面、顶棚渗漏 | 观察检查 | 墙面、顶棚、地面不得有渗漏，有防水要求的建筑地面工程的立管、套管、地漏处不应渗漏，坡向应正确、无积水 | GB 50209-2010 |
| | 地面起砂、裂缝、空鼓和积水 | 小锤轻击、观察检查和蓄水、泼水检验及坡度尺检查 | 面层表面应洁净，无裂纹和起砂等缺陷，地面排水顺畅且无渗水、积水 | GB 50209-2010 |
| 屋面 | 屋面渗漏、积水 | 蓄水检查，观察检查 | 蓄水深度最浅处不得小于10mm，蓄水时间不得少于24h；检查有防水要求的建筑地面的面层应采用泼水方法 | GB 50209-2010 |
| | 地漏 | 观察检查 | 排水栓和地漏的安装应平正、牢固，低于排水表面，周边无渗漏。带水封的地漏水封深度不得小于50mm | GB 50242-2002 |
| | 女儿墙高度 | 尺量检查 | 低层多层≥1.05m；中高层、高层≥1.10m | |
| | 女儿墙泛水 | 观察检查 | 防水构造应符合要求，且检查不少于10个点 | GB 50207-2012 |
| | 防雷 | 观察检查 | 防雷施工应符合要求 | GB 50057-2010 |

| 验收项目 | 验收内容 | 验收方法 | 验收标准 | 参照标准 |
|---|---|---|---|---|
| 屋面 | 变形缝防水构造 | 观察检查 | 变形缝的泛水高度不应小于250mm；防水层应铺贴到变形缝两侧砌体的上部；变形缝内应填充聚苯乙烯泡沫塑料，上部填放衬垫材料，并用卷材封盖；变形缝顶部应加扣混凝土或金属盖板，混凝土盖板的接缝应用密封材料嵌填 | GB 50207-2012 |
| 栏杆、护栏及安全玻璃 | 安装护栏 | 观察检查 | 无室外阳台的外窗台距室内地面高度小于0.9m时必须采用安全玻璃并加设可靠的防护措施 | DBJ 15-30-2002 |
| | 栏杆、护栏安装牢固 | 手扳检查 | 栏杆应以坚固、耐久的材料制作，并能承受荷载规范规定的水平荷载 | GB 50210-2001 GB 50352-2005 |
| | 栏杆高度 | 尺量检查 | 临空高度在24m以下时，栏杆高度不应低于1.05m，临空高度在24m及24m以上（包括中高层住宅）时，栏杆高度不应低于1.10m | GB 50352-2005 |
| | 护栏高度 | 尺量检查 | 外窗窗台距楼面、地面净高低于0.90m时，应有防护设施，窗外有阳台或平台时可不受此限制；窗台的净高或防护栏杆的高度均应从可踏面起算，保证净高0.90m | GB 50096-2011 |
| | 栏杆、护栏的形式 | 观察检查 | 住宅、托儿所、幼儿园、中小学及少年儿童专用活动场所的栏杆必须采用防止少年儿童攀登的构造；当采用垂直栏杆做栏杆时，其杆件净距不应大于0.11m | GB 50352-2005 |
| | 竖杆间距 | 尺量检查 | 临空处栏杆净间距不应大于0.11m，正偏差不大于3mm | GB 50210-2001 GB 50352-2005 |
| | 安全玻璃厚度和类型 | 观察检查，游标卡尺测量 | 单块玻璃大于1.5m²时应使用安全玻璃；护栏玻璃应使用公称厚度不小于12mm的钢化玻璃或钢化夹层玻璃；当护栏一侧距楼地面高度为5m及以上时，应使用钢化夹层玻璃；屋面玻璃或雨篷玻璃必须使用夹层玻璃或夹层中空玻璃，其胶片厚度不应小于0.76mm | GB 50210-2001 JGJ 113-2015 |
| 给水、排水 | 管道敷设 | 观察检查 | 坡度正确，安装固定牢固，配件、支架间距、位置符合要求 | GB 50242-2002 |

| 验收项目 | 验收内容 | 验收方法 | 验收标准 | 参照标准 |
|---|---|---|---|---|
| 给水、排水 | 水压试验 | 手动（电动）试压泵加压试验检查 | 室内给水管道的水压试验必须符合设计要求 | GB 50242-2002 |
| | 检查口伸缩节 | 观察检查 | 伸缩节间距不得大于4m；设计无要求时污水立管每隔一层设置一个检查口，但在最底层和有卫生器具的最高层必须设置 | GB 50242-2002 |
| | 阀门安装 | 观察检查 | 型号、规格、公称压力及安装位置符合设计要求 | GB 50242-2002 GB 50015-2003 |
| | 减（调）压装置 | 观察检查 | 减压阀前应设阀门和过滤器；需拆卸阀体才能检修的减压阀后，应设管道伸缩器；检修时阀后水会倒流时，阀后应设阀门；减压阀节点处的前后应设压力表 | GB 50015-2003 |
| | 雨水斗、通气管 | 观察检查 | 屋面排水系统应选用相应的雨水斗；通气管高出屋面不得小于0.3m，周围4m以内有门窗时，通气管应高出窗顶0.6m或引向无门窗一侧；在经常有人停留的平屋面上，通气管应高出2m | GB 50015-2003 |
| | 给水泵或增压设备安装 | 观察检查 | 设备型号符合设计要求，水泵的减振及防噪、软接头、异径管、压力表、止回阀、阀门等安装符合要求 | GB 50015-2003 GB 50303-2015 |
| | 排污泵安装 | 观察检查 | 设备型号符合设计要求，水泵的减振及防噪、软接头、止回阀、阀门等安装符合要求 | GB 50015-2003 GB 50303-2015 |
| 电气 | 导线截面 | 用游标卡尺测量 | 导线型号规格、截面、电压等级符合要求 | GB 50303-2015 |
| | 分色施工 | 观察检查 | A相—黄色、B相—绿色、C相—红色、零线（N）—淡蓝色、保护地线（PE）—黄绿相间色 | GB 50303-2015 |
| | 绝缘强度 | 绝缘摇表现场测量 | 连续试运行时间内应无故障 | GB 50303-2015 |
| | 导线敷设 | 观察检查 | 绝缘导线接头应设置在专用接线盒（箱）或器具内，不得设置在导管和槽盒内 | GB 50303-2015 |

| 验收项目 | 验收内容 | 验收方法 | 验收标准 | 参照标准 |
|---|---|---|---|---|
| 电气 | 漏电保护 | 观察检查、测试 | 动作电流(成套开关柜、分配电盘等为100mA以上，防止电气火灾为300mA)、动作时间符合设计要求 | JGJ16-2008 |
| | 总配电箱 | 观察检查 | 箱（盘）内回路编号应齐全，标识应正确；装有电器的可开启的门，门和金属框架接地端子间应选用截面积不小于4mm²黄绿绝缘铜芯软导线连接，并应有标识 | GB 50303-2015 |
| 电气 | 电气接地 | 接地电阻摇表测试 | 接地电阻值符合设计要求 | GB 50303-2015 |
| | 局部等电位 | 观察检查 | 等电位连接端子齐全、位置正确，铜接地干、支线截面分别不小于16mm²、6mm² | GB 50303-2015 |
| | 公共、应急灯具 | 照明试运行、应急灯具试运行 | 公共建筑照明系统通电连续试运行时间应为24h，连续试运行时间内应无故障；共用部位应设置人工照明，应采用高效节能的照明装置和节能控制措施。当应急照明采用节能自熄开关时，必须采取消防时应急点亮的措施 | GB 50303-2015 GB 50096-2011 GB 50368-2005 |

## 11.4 预验收的整改管理

预验收的整改管理要求能及时分转、快速解决、全程跟踪、统一指挥、共同参与、按户消项、纳入考核。

**1. 整改机构设置**

验收整改小组由物业工程人员、项目部整改工程师、总包单位整改人员、分包单位整改人员共同组成，并服从统一指挥和调度，共同参与业主验房后的工程整改工作。

**2. 整改的程序**

包括整改信息规范收集与整理，相关整改事项登记现场应派驻项目专业工程人员，对客户现场提出的问题进行现场解答和沟通，过滤掉工程类无效投诉信息后，工程整改专人分项分任务专人跟进现场整改进度，监督相关施工单位或者第三方维保单位在规定时限处理完毕。相关工程问题处理时限表。部分本不属于工程类问题通过筛选后分转其他渠道快速处理。整改填写《整改通知单》，见表11.4所示。

整改通知单（示例） 表 11.4

流水号：×××××

| 报事类型 | | 业主： | ○业主—房号： | | 项目名称 | |
|---|---|---|---|---|---|---|
| 业主报事内容 | 工程问题 | 公建 | | | 业主室内 | |
| | | 设备：调试□ 质量□ | | | 土建：□ | 给排水：□ |
| | | 景观：软景□ 硬景□ | | | 渗漏：□ | 铝合金：□ |
| | | 装修：□ | | | 强电：□ | 防盗门：□ |
| | | 会所：□ | | | 弱电：□ | 景观：□ |
| | | 其他：□ | | | 铁花：□ | 其他：□ |
| | | 具体描述：<br>业主姓名：<br>业主电话： | | | | |
| | | 施工单位 | | | | |
| | | 接单人 | | 接单日期/约定完成日期 | | |
| | 设计及其他 | 问题描述： | | | | |
| | | 受理人 | | | 开发收单人 | |
| | | 接单日期 | | 收单日期 | 收单日期 | |
| 第三方应急整改 | | 应急施工单位 | | | 计划完成日期 | |
| | | 收单人 | | | 收单日期 | |
| 处理措施 | | | | | | |
| 不能入户 | | | | | 物管确认 | |
| 验收情况 | 验证： | | | | | |
| 移交确认 | 开发确认 | | 物业确认 | | 业主确认 | 维保通知单附后 |
| | 日期 | | 日期 | | | |
| 通知记录 | 通知次数 | 通知时间 | 通知方式 | 通知人 | 被通知人 | 内容摘要 |
| | 第一次 | | | | | |
| | 第二次 | | | | | |
| | 第三次 | | | | | |

业主接房过程中发现的整改问题实行日清周结的工作方式,每日由整改组长组织对业主验房提出的整改问题的处理进度按照向客户确认的整改时限要求,清理到期或者逾期情况,按照紧急及重要程度,安排整改排期计划,并每日进行整改日报,按消户计算工作量,及时对整改过程发现的新情况新问题联合相关单位进行协商,明确后续处理方式,推动现场整改工作按计划推进。

实行按消户计算工作量的原则,每一户可能出现不同种类的整改问题,需待该户所有整改问题全部处理完毕,并经过物业工程部人员确认后,方可由项目客服部汇总客户清单以发函及短信通知的方式通知业主本人并明确再次到场地进行复验的时间(一般为函件发出 7 日内到场确认,若 7 日内未到场确认的客户,表示客户已认可整改结果,视为消户)。已认可客户到场地确认后,未提出异议,该户确认为整改完毕,示为消户。若客户未认可,再次进入整改环节。

对于因其他原因(材料到货时间推迟、政府大面积停水停电、其他不可抗力等因素影响)无法在规定的工程整改时限内完成的工程整改问题,短信或者发函通知业主,并且说明理由。整改工作按时限要求按户消项完成量实行绩效考核,纳入交房总体工作考核。

### 3. 整改数据要求现场公示

为确保交房过程中客户在验房过程中发现的工程整改问题能够得到及时快速登记、按时限分转、处理、意见反馈,交房现场公示楼盘表,直观反映验房过程中客户报修、整改、处理进度,明确各分项工程负责人姓名及联系电话并现场公示整改投诉电话,及时收集客户整改意见(工程分类处理时限由项目工程部在交房前与相关施工单位会商,确定主要工程整改问题的处理时限,并在交房前公司函告施工单位,作为现场未按时到场整改时,建设单位扣除相关质量保证金的依据)。

### 4. 整改数据录入与信息分转

交房期间由物业项目客服部专员负责对客户《房屋验收登记表》记录的相关保修问题,录入 ERP 系统,按日或周生成整改清单,提交项目工程部整改专项负责人,并签字移交手续,注明整改单移交时间(环节一:物业客服部移交项目工程部;环节二:项目工程部移交施工单位)。对超时未到场处理的,按照验收整改工作流程委托第三方单位进行整改,确保相关工程整改事项第一时间汇总、统计、分转施工单位或者第三方分派处理。

### 5. 整改客户回访

整改完毕后一个月内,由物业客服中心工作人员抽样对已整改完毕的客户就整改工作效率、工程质量、工作人员服务态度、后期物业服务需求建议等方面进行客户回访,了解客户对工程整改满意度及项目后续管理需求。回访抽样比率为整改客户总量的10%。

### 6.整改管理中业主投诉处理

一般来说，在集中交房初期，维修整改的工作量非常大，极有可能出现维修工作一时跟不上的现象。对此，物业管理公司必须做好与发展商和相关施工单位的协调配合工作，最为有效的办法是定期进行各方联席会议，集中力量解决主要矛盾，合理有序地安排其他维修工作，以避免业主的大量投诉。对于已经出现的投诉，一定要积极认真地对待，尽可能在接待当日有一个处理跟进的结果，实在无法做到的，也需要将协调的结果告知业主，以求得业主的谅解。

首先是核实面积、合同及价钱多退少补问题。确认售楼合同附图与现实是否一致，结构是否和原设计图相同，房屋面积是否经过房地产部门实际测量，与合同签订面积是否有差异。（先查看售房合同，看之间的误差为多少，一般为 3%，3% 之内不考虑，超出部分进行处理，建议拟定合同为 2% 误差，但是不超过 5% 比较好）以双方签订合同为准。从法律上讲，开发商交付的商品房层高与合同约定不符，是违约行为，须承担违约责任。但实践中，往往合同并未明确约定开发商如何承担责任、承担多少责任，并且一般不能强制要求开发商将层高恢复到约定层高，业主只能要求开发商赔偿损失。但应该赔偿多少损失，法院处理的原则是合同有约定按约定办，没有约定的法院只能从合理性的角度出发，根据缩水对业主们使用房屋造成的实际影响，酌情确定赔偿数额，这种情形下一般赔偿数额并不高。因此，业主最好在合同中明确约定违约责任的承担。

面对竞争日益激烈的房地产市场，为了取得良好的市场效应，开发商挖空心思，在售楼书上更加注重对小区整体配套设施的宣传。买房人也乐意买小区配套齐全的房屋，不仅方便生活，也提高了生活质量。但有些开发商并不能兑现自己的承诺，园建绿化面积缩水、配套设施不全、适龄儿童无法入学、随意更改规划、占用绿地建别墅等问题时有发生。这是开发商用来吸引买房人买房的一种手段，许多买房人冲着会所买房，但是在签订购房合同时，往往只关注房屋的状况，而忘记约定会所条款，导致会所纠纷不断，业主合法权益得不到有效实现。所以，业主在签订购房合同时，应把相关的条款明确约定进合同，如会所的交付时间、所有权归属、服务功能、服务对象等，同时明确约定责任承担，以便开发商违约时追究其责任。

# 12　中后期：工地开放日

工地开放日活动是"以业主为导向"业主服务理念的具体体现，在业主购买房产至等待交付的这段时期内，加强开发商与业主之间的沟通和感情培养，通过工地开放日活动，让业主了解房屋在各阶段的施工工艺，消除业主对隐蔽工程的疑虑，以求让业主在使用过程中无额外顾虑。工地开放日活动后的业主反馈，也将指导缺陷问题的整改，进一步完善产品和服务。

**万科工地开放日**

工地开放日的目的是为了体现业主理念和公司对业主的全心关怀，缓解业主等待产品交付时的焦虑心情，帮助地产项目部提前了解业主关注点，降低交付时的产品缺陷率，同时提前释放集中交付压力，以提升业主满意度和忠诚度。同时也满足了业主在购买房屋后至房屋交付前这一阶段，希望了解项目工程进度及所购房屋的建设状况的愿望。因此，开发商公司可以在项目交付前期，采用组织业主实地参观的形式，让业主了解项目建设情况，同时请业主对房屋质量状况进行预验收，以便进行及时整改。

## 12.1 工地开放日的基本条件

工地开放日基本条件 表 12.1

| 基本条件 | 满足与否 |
| --- | --- |
| 单体已竣工，室外景观已初步具备规模，从小区大门至各楼栋道路基本整洁，并满足安全通行的条件 | |
| 单体内部已进行初保洁，楼道内基本整洁，无影响通行的施工物件 | |
| 室内已进行初保洁，环境基本整洁，无施工物件 | |
| 全装修房室内已进行初保洁，各类设施及配件已全部到位，无施工物件 | |

## 12.2 工地开放日组织安排

工地开放日需要多部门的集中参与。既需要业主服务部、工程管理部的主导负责，同时也需要设计开发部、物业公司参与配合。具体安排可参照表12.2。

工地开放日部门职责表 表 12.2

| 部门 | 具体工作职责 |
|---|---|
| 营销管理部 | 负责提前两个月成立工地开放日活动工作小组、制定活动方案，经相关部门确认后，报地产公司主管或分管领导批准执行。活动方案应包括时间、地点、流程、布置、接待人员安排、费用预算等。并负责实施活动方案、现场包装、确认业主、组织接待、资料录入、组织总结等工作 |
| 业主服务部 | 同上 |
| 工程部 | 与营销管理部、业主服务部确认开放日的举行时间、准备施工现场（包括看房通道现场）及后续的维修整改工作 |
| 设计开发部 | 负责配合相关工作 |
| 物业公司 | 负责配合相关工作 |

## 12.3 工地开放日现场安排

工地开放日安排 表 12.3

| 注意事项 | 详细要求 |
|---|---|
| 房间钥匙准备 | 工程管理部负责安排施工单位提前准备业主参观房间的钥匙 |
| 现场包装 | 营销管理部与工程管理部共同确认业主看房路线，工程管理部负责整理施工现场的场地，包括施工现场材料堆放整理、看房路线道路整理、施工现场标示整理等 |
| 前台设置 | 在售楼处设前台，负责接待业主，并根据《工地开放日活动邀请函》、身份证甄别业主身份，进行登记 |
| 看房过程 | 接待人员应主动介绍项目及产品情况，引导业主察看房屋，解答业主提出的问题，并将问题记录在《工地开放日活动看房记录表》中 |
| 整改部门 | 工地开放日结束后，地产公司应及时统计整理业主提出的问题，由责任部门负责落实整改 |
| 问题答复 | 如业主针对设计、销售、服务等方面提出问题，由责任部门在工地开放日活动举行完毕7个工作日内进行回复。对于看房过程中过于关注细节的，或者提出苛刻意见的业主，地产子公司应主动沟通，及时通报整改进展 |

注意事项：

（1）地产公司负责部门应于工地开放日活动前10个工作日以邀请函方式通知业主，

以体现尊贵感。地产公司可根据实际情况确定预约时间。应合理安排业主的参观时间，避免因接待人员不足而导致业主长时间等候。

（2）活动邀请对象应该是符合对应开放楼栋的签约业主，参与活动的业主数量控制在10人以内。

## 12.4 工地开放日会场布置

为更加突出企业品牌及项目形象，强化项目现场宣传包装，增加在施项目本身给业主的视觉冲击感受，促进项目现场安全文明施工管理，地产公司应重视并统筹工地整体形象包装。建议按照下述标准进行在工地开放日包装工程。

工地开放日现场布置 表 12.4

| 楼外业主通道 | 入口 | （1）届时如园区正式入口已经完成建设，入口处应布置绿植花卉及相应指示标牌用以烘托气氛。<br>（2）如园区正式入口尚未完成，则需根据本次工地开放展示需要另择出入口，该出入口需有别于施工出入口 |
| --- | --- | --- |
| | 通道 | 园区景观、道路硬质铺装已经完成，则应以正式通道作为开放日通道，如道路两侧绿化、铺装、景观工程尚未完工则应在道路两侧设置围挡及导向指示牌 |
| 门厅大堂 | 单元门 | 单元门应安装到位，周围公共区域精装修应全部完成 |
| | 首层大堂 | 首层大堂精装修应全部完成并经过开荒保洁，大堂内按照交房标准应设置的设施应安装到位 |
| | 消防楼梯间及电梯间及电梯轿厢 | （1）消防楼梯间、电梯间及电梯轿厢应按照交房标准全部装修到位并做好初步保洁。<br>（2）涉及业主到场的每层楼梯间、电梯间应按照交房标准完成精装修施工及初步保洁。<br>（3）室外管道井内设备设施应安装到位相关标识（如紧急出口标识）及户门门牌号应安装到位 |
| 室内 | 土建及装饰工程 | 室内土建及装饰工程应全部完工，且墙、地面应干净、整洁，禁止在展示房屋内堆放施工材料等杂物 |
| | 机电工程 | 室内开关面板应安装到位、户表箱应安装到位、箱内设备（空气开关、漏电保护开关等）应安装完毕，箱内各开关应做明确标识，如：空调、居室插座、客厅照明等，室内灯泡应安装到位 |
| | 暖通工程 | 所有暗埋管线应在地面有清晰标识或留槽明露；户式中央空调的室内外露管线，应在管线上做出明确标识，如上水、回水等 |

注意事项：

备用入口的选择应根据如下条件：

（1）出入口两侧应有硬质围挡以示工地与外界隔离。

（2）临时出入口可不设大门，但须有门卫值班，门口须有指引牌及绿植装饰。

（3）临时出入口地面应为硬化地面（混凝土或铺装地面），地面须整洁、无扬尘。

## 12.5 制订工地开放日活动邀请函

**工地开放日邀请函（示例）**

记录编号：

尊敬的业主：

　　您好！

　　感谢您选择××地产，成为××地产业主。

　　关注业主对××地产公司产品与服务的感受和体验是我们一贯的工作重点，为使您能了解项目建设进度，切身感受项目环境，加强××地产与您之间的良好沟通，建立信任、和谐关系，××地产项目将于年月日至日在项目现场（路号）举行工地开放日活动，我们诚挚地邀请您参加。

　　届时请您携带相关身份证件及本函，于年月日时至售楼处，我们将有专人陪同您参观，记录您所反映的意见和建议。另有工程、设计、物业等专业人员提供咨询服务。

　　如您接收到邀请函并有意愿参与该活动的，请电话回复，并确定具体的参观时间段，以便于我司更好地了解参与业主的信息，保证开放日活动顺利开展。咨询电话：。

　　期待您的到来，并再次感谢您对××地产的支持与厚爱！

　　　　××地产＿＿＿＿＿＿＿＿＿＿＿＿＿＿＿＿＿＿＿＿（公司全称）

# 交付案例篇

第三方验房机构辅助开发商进行交房陪验服务，可以很好地提高开发商的收楼率，提高工程质量满意度和陪验服务满意度，有效降低正式交付风险，实现完美交房。本篇收录了一个真实具体的案例，通过案例可以看出第三方验房机构交房陪验的工作内容和价值体现。

# 13 第三方验房机构交付陪验案例

## 一、项目概要

1. 项目概况：某知名开发商开发的偏远郊区大型社区，规划居住人口 50000 人，开发体量 20000 户。2013 年 6 月份进行第一批房屋交付活动，交付户数 168 户，交付成绩让开发商大为震惊，正式交付收楼率：45%、工程质量满意度：57%、陪验服务满意度：50%，遭遇了滑铁卢之战。一期交付失败，让同年 12 月预计的 2440 户海量交付，变成了不可能完成的任务。

2. 开发商需求：(海量交付达成目标指标)

总体收楼率：75%；

到访收楼率：90%；

工程质量满意度：70%；

陪验服务满意度：90%。

3. 开发商创新应对举措：引进第三方验房机构，直接介入 2440 户海量交付的交付方案策划、交付前房屋质量模拟验收、正式交付客户预约、正式交付客户收楼陪验。

## 二、第三方工作开展

(一)第三方项目风险评估

1. 进场后 3 天内对各总承包单位的承包合同、各类房型标准层"建施"图、合同附图、装修房设备、材料清单（包括品牌、型号、验收标准、注意要点）等相关工程资料进行核查；

2.进行前期销售、项目开发情况摸底；

3.交付标段房屋风险检查评估。

（二）发现存在的问题

造成一期交付收楼率、工程质量满意度、陪验服务满意度低下的主要原因：

其一，社区开发地理位置偏远，基础配套不完善。客户群体主要是非本地客户，无法保证日常的居住及工作要求，导致入住意愿低下。

其二，前期销售为异地销售，业主对社区了解不足，造成极大的心理期望落差。该社区选择在一线城市举行开盘销售活动，并不是在社区所在地。业主对于社区周边配套及环境无任何实际的了解，仅仅是通过销售人员的讲解了解相关信息。

其三，无销售样板间可供参观了解，业主对所购买的户型，装修风格无实体直观感受，只是通过沙盘模型展示。

其四，收楼交付期间，无公共交通工具接送。导致异地客户到访收楼不便，直接影响到场收楼意愿。

其五，交付陪验人员非专业陪验人员，主要由物业、客服、施工单位等各专业部门临时组建陪验团队，导致陪验团队房屋水平参差不齐。无法提供专业化、标准化收楼陪验服务。

（三）第三方就存在问题建议举措及解决对策

1.收楼率提升应对措施：

（1）正式交付期间，免费开通收楼巴士，往返接送收楼业主，解决异地到访交通不便的交通问题。

（2）由专业第三方验房机构，介入客户到访预约，设定固定数量的预约量由第三方验房机构安排专人负责客户预约，保证客户预约工作专人专职落地实行。

2.工程质量满意度提升应对措施：由第三方验房机构以"业主视角"，对交付标段的房屋进行"一户一档"100%的模拟验收，取消以往抽检验收方式。确保交付标段每一户房子的装修质量观感、房屋功能性得到过程监控管理及结果验收，确确实实保证房屋质量。

3.加强业主对社区、房屋及了解，及时准确掌握业主诉求。在正式交付前一个月举行工地开放日活动，提供要求业主到访参观房屋施工进度、社区配套建设、社区环境。提前让业主了解房屋施工进度、社区发展情况，及时准确掌握业主诉求。

4.陪验服务满意度提升应对措施：

（1）由专业验房师负责工地开放日、正式交付收楼陪验工作，避免"物业客服人员工程专业知识薄弱"的问题，验房师参与对前期工程质量模拟验收可清晰掌握交付标段质量，可专业地解答和处理业主收楼工程中提出的疑问或质量问题。

（2）通过标准化、专业化陪验服务培训，避免"工程人员客服服务意识"问题，确保验房工程师可同时具备专业工程职业素养和丰富客服服务意识。

### 三、模拟验收、交付陪验开展流程

（一）前期模拟验收阶段

1. 模拟验收的视角：（两步走）

（1）"交付评估视角"：根据集团交付评估标准，运用到后期精装修施工过程及整改标准，以评估标准进行施工过程管理，推进"常态化"品质管理。

（2）"业主视角"：（第三方）验房团队以"小业主"的特殊角度，对标段内房屋施工质量、房屋功能性、房屋外在观感等维度进行模拟验收，提前把交付阶段"业主热点关注度"问题，进行暴露与整改销项。

2. 模拟验收计划与安排

（1）"精装修总流水作业计划"：模拟验收前（1周），模拟验收管理小组清晰了解本标段精装修总流水作业，以总流水作业计划为依据，制定模拟验收查验计划。

（2）"交付前里程碑节点确认"：模拟验收前（交付前2个月），甲方项目部、客户关系中心、第三方模拟验收组会议确认，本标段"工地开放日—正式交付—待评估"3个里程碑时间节点，模拟验收总计划围绕这3个节点来安排。

（3）"模拟验收总计划安排"：根据《精装修总流水作业计划》《交付前里程碑节点》为依据，穿插安排查验项目、制定查验、整改周期。

3. 模拟验收查验标准制定与交底

（1）"精装修样板房评估查验"：模拟验收计划制定完成后，模拟验收小组对本标段内精装修样板间、施工过程抽检房间进行本标段"样板问题查验"（原则：所有精装样板间全部查验、施工过程房间抽检，总抽检户数为总户数10%；进行时间：进场前7天完成，现场情况摸底）。

（2）"样板问题分析、总结"：样板问题查验后，查验小组对样板问题进行分类，分析各专业及各标准间出现问题条数、比重、出现重大缺陷原因（进场前5天完成）。

（3）"本标段查验标准制定、确认"：根据模拟验收计划确定验收项目及标段内样板问题分析结果，制定本标段模拟验收的查验标准（进场前4天）。

（4）"查验样板问题整改销项、分析总结"：样板问题查验完成后，下发施工方整改，限期限人进行整改，查验小组根据销项情况，总结测评施工方整改手艺效果、整改效率（重点项：测算正式模拟验收施工方整改手艺、整改人员需求，进场前2天完成）。

4. "模拟验收整改考核管理制度"：管理制度明确项目部、客关、模拟验收小组、施工方各方职责、分工配合；明确模拟验收标准、管理方法；明确施工方整改考核指标（进场前1天完成）。

5. "施工见面会，模拟验收交底"：交底会议主要议题：明确模拟验收标准、要求；明确整改考核指标（进场当天，至关重要工作项目）。

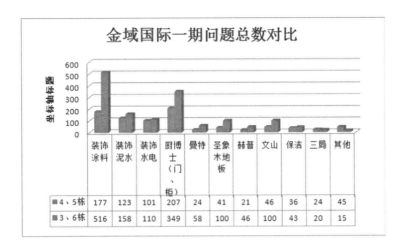

**样板问题比重对比**

**模拟验收交底会议**

6. 模拟验收查验与整改销项

（1）模拟验收采用"流水作业"方式：销项小组同时带领整改工人进行销项工作，由专人与整改人员建立稳定工作关系，确保销项工作的推进。

（2）整改数据分析日报：销项小组同时汇报当天销项情况及现场存在问题，当天形成整改日报，每日一报向各参与方汇报当天现场整改情况。

（3）模拟验收整改过程进度实时反馈：

①模拟验收现场微信群实时汇报；

②模拟验收决策小组微信群；

③模拟验收每日例会、周例会、总结会；

④模拟验收日报、每日邮件销项率及整改情况通报；

⑤风险预控、预警报告。

（二）中后期工地开放日、正式交付阶段

1. 陪验团队培训

（1）"初始记忆"：各陪验工程师对项目交付统一口径进行收集，统一制作项目统一口径后进行熟悉背诵（统一口径包括：工程类、物业类、客服类、设计类统一口径、客户百问百答）。

交付手册学习                客户百问百答

（2）"深化记忆"：各陪验工程师熟悉统一口径后，进行角色扮演训练，通过"业主与陪验工程师"角色转换进行模拟陪验，陪验工程师运用专业知识为"业主"解答疑问。

角色转换                模拟陪验

（3）"沙盘学习"：工地开放日、交付前一星期，各陪验工程师对金域国际项目小区沙盘进行学习，通过沙盘了解小区的相关配套、交付标段的方位朝向、动线亮点定点、小区区域不利因素、小区未来建设规划等。

"沙盘演练"：各陪验工程师运用统一口径、小区配套等小区概况，模拟为业主讲解"沙盘"，为业主解答疑问。

沙盘学习

沙盘演练

（4）"实地动线亮点演练"：各陪验工程师交付前3天，通过原先设定的交付动线，进行实地演练，模拟为业主讲解动线亮点。

"标准动作"演练

"动线亮点介绍"演练

（5）"陪验标准动作"：

①开门前"剪彩仪式"：标准用语：先生／太太，您好！今天是您入伙的好日子，我们为您准备了"剪彩仪式"，祝您收楼愉快！

②开门仪式：陪验工程师先为业主开启门锁，由业主推开大门。标准用语："欢迎回家、开门大吉"。

③户内验房标准动作：a.打开电箱，开启灯具。b.打开门窗通风透气。c.验房指引陪验。d.演示讲解部品使用及功能。e.解答业主问题：用"咱们"、"您"、"好的，马上出来"、"请您放心"等正面词语。

为业主主动检查服务功能完整性

演示讲解部品使用及功能

2.正式交付客户邀约

邀约时要遵循如下原则：

（1）择优预约：陪验小组根据工地开放日情况，筛选体验较好、房屋施工质量效果好的房号做为第一批正式交付预约对象，释放好的舆论影响。

（2）错开预约：不在同一层（或相近楼层）同一时间点预约业主集中到访收楼，错层、错开时间进行预约（标准动作：正式陪验过程中，业主开始验房后，统一关闭入户门）。

（3）晋级预约：第一、二次预约由"责任田陪验工程师"进行预约工作，当业主二次预约后未到访，将与项目组长、总工晋级预约。

3.客情维护

陪验团队设置一名"舆情观察员"，每天关注"业主论坛"、"业主QQ群"、"微信群"，了解业主关于工地开放日体验情况反馈、关注点收集、重难点问题收集、重点客户动态关注，每周向客户关系中心进行通报及处理意见研讨。

4.工地开放日整改、回访

（1）工地开放日总结

①"业主视角"缺陷问题、客户属性信息表分析；

②"业主视角"缺陷问题与前期模拟验收问题进行匹配度分析；

③工地开放日全流程运作评估分析。

（2）工地开放日总结会

①通报工地开放日业主体验情况；

②通报工地开放日缺陷问题整改计划。

（3）整改回访

①由验房师，整理"责任田"内问题清单，逐户进行二次复验，检查是否存在新增问题并进行整改跟进销项；

②客户回访后，回访信息同步更新至《工地开放日整改信息汇总表》-回访信息栏、新增问题栏。

5. 交付收楼陪验

（1）在陪验区等待通知陪验；

（2）接到陪验通知后，拿到资料验房板夹及工具，立即前往入伙手续办理区，领取钥匙之后带领业主前往验楼；

（3）陪同业主进行收楼，业主有快修问题，通知快修小组完工后，如有需要，则协调保洁人员做临时清洁；

（4）当房屋质量问题不能现场整改的，记录到验房单上面，验房单上写好自己的姓名电话，交还给返修办问题录入人员；

（5）当收楼期间出现问题客户拒绝收楼时，通知相对应专家之后，将客户带至专家答疑岗；

（6）当业主成功验收收楼后，把业主带回入伙办理区领取钥匙、礼品。

### 四、成果及结论

（一）2440 户海量交付成绩

总体收楼率：86%；

到访收楼率：96%；

工程质量满意度：79%；

陪验服务满意度：99%。

（二）结论

1. 通过引进第三方验房机构以"业主视角"介入项目施工过程管理，把交付阶段业主关注问题，在前期施工管理中，提前进行问题暴露及问题处理。有效降低正式交付风险，提高业主满意度。

2. 第三方验房机构扮演开发商与业主之间沟通的翻译者，在项目开发过程中，开发商习惯性的以"工程视角"来评判房屋质量好坏；而作为"建筑外行"的业主来讲，则是以自身的感受来表达对房屋或服务质量的评价。往往两者之间无法实现有效的沟通，第三方验房机构通过为小业主提供专业技术支持及服务过程中，可以了解、掌握小业主诉求及关注点，为开发商与业主实现有效沟通搭建"桥梁"。